Andreas Martin

Anatomie Band 2

MEDI-LEARN Skriptenreihe

6., komplett überarbeitete Auflage

MEDI-LEARN Verlag GbR

Autor: Andreas Martin
Fachlicher Beirat: PD Dr. Rainer Viktor Haberberger

Teil 2 des Anatomiepaketes, nur im Paket erhältlich
ISBN-13: 978-3-95658-000-0

Herausgeber:
MEDI-LEARN Verlag GbR
Dorfstraße 57, 24107 Ottendorf
Tel. 0431 78025-0, Fax 0431 78025-262
E-Mail redaktion@medi-learn.de
www.medi-learn.de

Verlagsredaktion:
Dr. Marlies Weier, Dipl.-Oek./Medizin (FH) Désirée Weber, Denise Drdacky, Jens Plasger, Sabine Behnsch, Philipp Dahm, Christine Marx, Florian Pyschny, Christian Weier

Layout und Satz:
Fritz Ramcke, Kristina Junghans,
Christian Gottschalk

Grafiken:
Dr. Günter Körtner, Irina Kart, Alexander Dospil,
Christine Marx

Illustration:
Daniel Lüdeling

Druck:
A.C. Ehlers Medienproduktion GmbH

6. Auflage 2014

Wichtiger Hinweis für alle Leser
Die Medizin ist als Naturwissenschaft ständigen Veränderungen und Neuerungen unterworfen. Sowohl die Forschung als auch klinische Erfahrungen führen dazu, dass der Wissensstand ständig erweitert wird. Dies gilt insbesondere für medikamentöse Therapie und andere Behandlungen. Alle Dosierungen oder Applikationen in diesem Buch unterliegen diesen Veränderungen.
Obwohl das MEDI-LEARN Team größte Sorgfalt in Bezug auf die Angabe von Dosierungen oder Applikationen hat walten lassen, kann es hierfür keine Gewähr übernehmen. Jeder Leser ist angehalten, durch genaue Lektüre der Beipackzettel oder Rücksprache mit einem Spezialisten zu überprüfen, ob die Dosierung oder die Applikationsdauer oder -menge zutrifft. Jede Dosierung oder Applikation erfolgt auf eigene Gefahr des Benutzers. Sollten Fehler auffallen, bitten wir dringend darum, uns darüber in Kenntnis zu setzen.

Inhalt

1 Bestandteile und Aufbau des ZNS

Fragen in den letzten 10 Examen: 1

Dieses Kapitel soll dir einen groben Überblick über das Nervensystem geben. Besprochen werden die Gliederung des Nervensystems nach verschiedenen Gesichtspunkten, der Aufbau eines Neurons, verschiedene Typen von Neuronen und die Markscheidenbildung. Weiterführende histologische Details findest du im Skript Histologie 2.

1.1 Gliederung des Nervensystems

Das Nervensystem kann unterteilt werden in
- das zentrale Nervensystem (ZNS) und
- das periphere Nervensystem (PNS).

Eine weitere Einteilungsmöglichkeit des Nervensystems ist die in
- das somatische Nervensystem und
- das vegetative Nervensystem.

1.1.1 Zentrales Nervensystem

Das zentrale Nervensystem umfasst Gehirn und Rückenmark, die beide von den Meningen (Hirn-/Rückenmarkshäuten) umschlossen werden und im Liquor cerebrospinalis (Hirnwasser) schwimmen. Nach außen sind sie durch den Schädel/die Wirbelsäule vor direkter Verletzung geschützt. Dadurch werden Schädigungen wie z. B. durch Stoß oder Schlag wirkungsvoll minimiert. Makroskopisch lassen sich im ZNS graue von weißer Substanz (für den Unterschied zwischen Gehirn und Rückenmark s. 4.4, S. 32) sowie Rinde, Mark und Kerngebiete unterscheiden.

1.1.2 Peripheres Nervensystem

Das periphere Nervensystem hat zwei Aufgaben:
- die Sensibilität und
- die Motorik.

Es empfängt Reize aus der Peripherie und leitet diese an das ZNS weiter (Sensibilität). Gleichzeitig leitet es die Impulse des ZNS in die Peripherie mit nachfolgender Muskelkontraktion (Motorik). Um diesen großen Aufgaben gerecht zu werden, hat der Körper eine Vielzahl von Nerven, die entweder sensible oder motorische oder beide Qualitäten aufweisen.

1.1.3 Somatisches Nervensystem

Das somatische Nervensystem (animalisches Nervensystem) dient der willkürlichen Anspannung der Muskeln und der bewussten (sensiblen) Wahrnehmung aus der Peripherie. Es findet sich sowohl im ZNS als auch im PNS.

1.1.4 Vegetatives Nervensystem

Statt vegetativ werden synonym auch die Begriffe autonom und viszeral verwendet. Viscera kommt aus dem Lateinischen und bedeutet Eingeweide. Damit erklärt sich die Funktion des vegetativen Nervensystems fast von allein: Es steuert unbewusst und unwillkürlich die inneren Organe und dient damit der Lebenserhaltung.

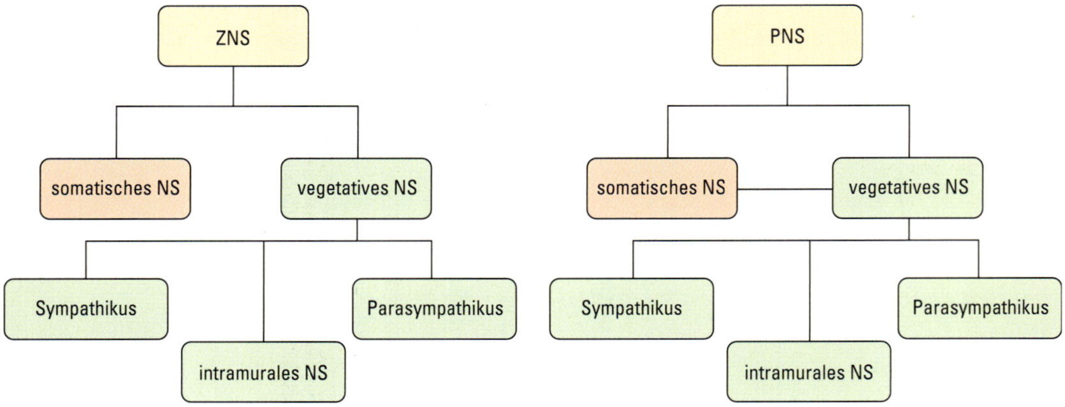

Abb. 1: Hierarchische Gliederung des Nervensystems *medi-learn.de/6-ana2-1*

Merke!

- Der Sympathikus lässt die Pupillen weit werden, Darmtätigkeit, Harn- und Stuhldrang werden unterdrückt, die Haut beginnt zu schwitzen, Herzfrequenz und Atmung werden schneller, die Muskeldurchblutung steigt.
- Der Parasympathikus verengt die Pupillen, die Darmtätigkeit wird angeregt, Herzfrequenz und Atmung werden langsamer.

Daneben gibt es das Darmnervensystem (enterisches Nervensystem), das eines der intramuralen Nervensysteme unseres Körpers ist. Seine Neurone liegen in den Wänden des Gastrointestinaltrakts und koordinieren die Muskelaktivität (Peristaltik) des Darmrohres. Man unterscheidet dabei den

- Plexus myentericus (Auerbach-Plexus) zwischen der Längs- und Ringmuskelschicht und den
- Plexus submucosus (Meißner-Plexus) zwischen der Mucosa und der Submucosa.

1.2 Histologie des Nervensystems

Das Nervensystem besteht aus dem Nervengewebe und einem dazwischen gelagerten speziellen Bindegewebe. Das Nervengewebe besteht aus **Neuronen**, das Bindegewebe aus **Gliazellen**.
Um die im nachfolgenden Text verwendeten Begriffe wie z. B. Erregungsübertragung, Umschaltung von prä- auf postganglionär usw. zu verstehen, wird zunächst der Aufbau eines Neurons beschrieben:

1.2.1 Aufbau eines Neurons

Ein Neuron ist die kleinste funktionelle Einheit im Nervensystem. Jedes Neuron besteht aus einem **Soma/Perikaryon** (Zellkörper, s. Abb. 2, S. 3) mit Zellkern nebst Nukleolus und einem oder mehreren Fortsätzen. Die Zellfortsätze, die Erregung von anderen Zellen empfangen, werden **Dendriten** genannt. Diejenigen Fortsätze, die der Erregungsweitergabe dienen, werden **Axone** (Neuriten) genannt. Meist besitzt ein Neuron nur ein Axon, das aber bis zu einem Meter lang sein kann.
Das Perikaryon ist die Stoffwechselzentrale des Neurons. Hier werden alle Substanzen

gebildet und in die Fortsätze transportiert. Als Ausdruck der hohen Stoffwechselaktivität ist das raue endoplasmatische Retikulum im Perikaryon besonders stark ausgeprägt. Im Bereich des Axonursprungs (Axonkegels) dagegen fehlt es. Das raue ER und freie Ribosomen liegen in Gruppen zusammen, die aufgrund ihrer Basophilie lichtmikroskopisch nach Färbung gut darstellbar sind und **Nissl-Schollen (Tigroid)** genannt werden.

Übrigens ...
Fertig ausdifferenzierte Neurone besitzen keine Zentriolen mehr, d. h. sie können sich nicht mehr teilen. Nach der Geburt untergegangene Nervenzellen können daher nie mehr ersetzt werden.

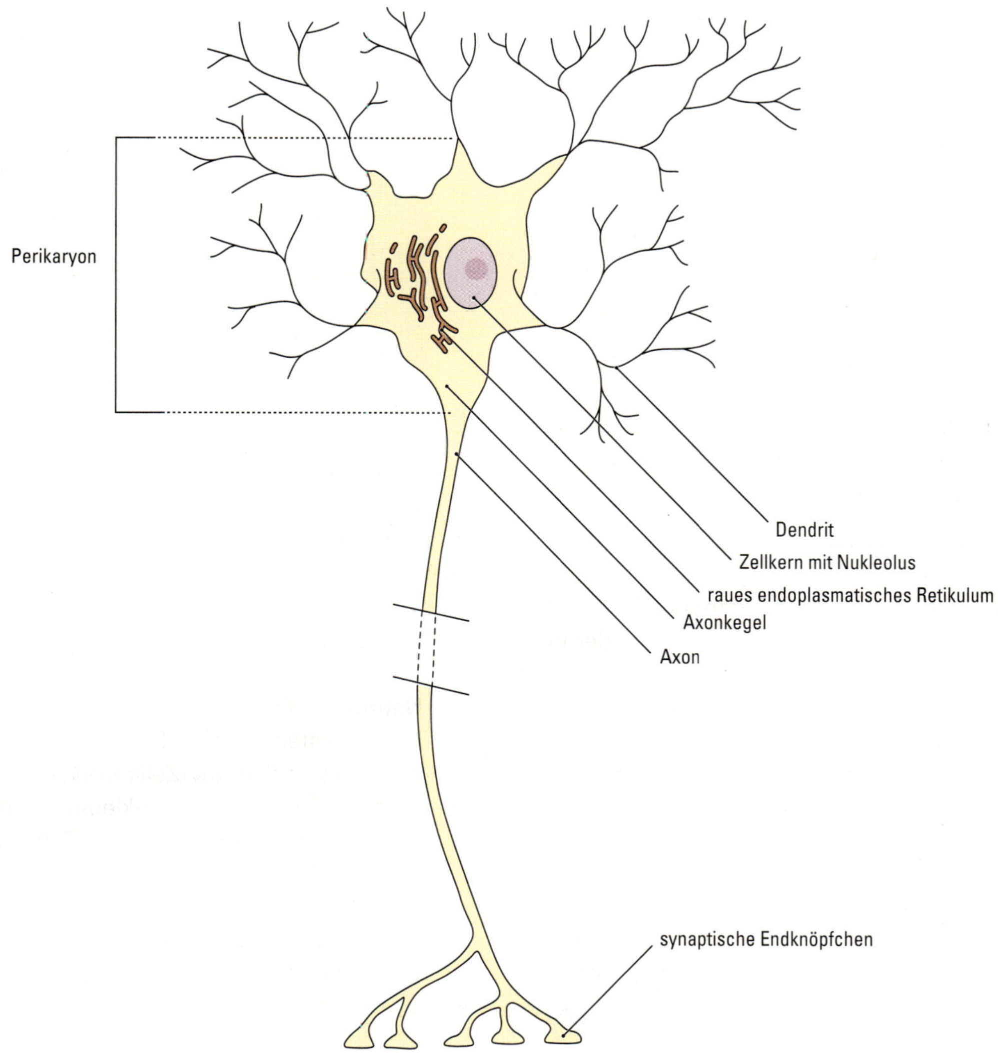

Abb. 2: Aufbau eines Neurons

medi-learn.de/6-ana2-2

Kontaktstellen zwischen Neuronen werden **Synapsen** genannt (mehr zur Funktion von Synapsen s. Skript Physiologie 3). Die im ZNS vorkommenden chemischen Synapsen verwenden verschiedene Neurotransmitter zur Überbrückung des synaptischen Spalts. Diese Neurotransmitter können sowohl erregend als auch hemmend sein. Wie das Neuron letztendlich auf all die an den Dendriten und dem Soma ankommenden Reize reagiert, hängt von der Anzahl der ankommenden erregenden und hemmenden Impulse ab. Vereinfacht kann gesagt werden:

Merke!

Antwort Neuron = Summe erregende Impulse – Summe hemmende Impulse

Die Erregung kann aufgrund des Aufbaus der Synapsen im Axon und den Dendriten nur in eine Richtung weitergeleitet werden.

1.2.2 Neuronentypen

Anhand der Fortsätze, die vom Perikaryon abgehen, unterscheidet man verschiedene Neuronentypen (s. IMPP-Bild 1, S. 59).

- Multipolare Neurone kommen am häufigsten vor. Vom Perikaryon nehmen bei diesem Typus mehr als zwei Fortsätze ihren Ursprung.
- Bipolare Neurone besitzen einen reizwahrnehmenden Fortsatz und ein Axon.
- Pseudounipolare Neurone finden sich in sensiblen Ganglien. Vom Perikaryon entspringt nur ein Fortsatz, der sich dann in einen axonalen und einen dendritischen Fortsatz aufspaltet.

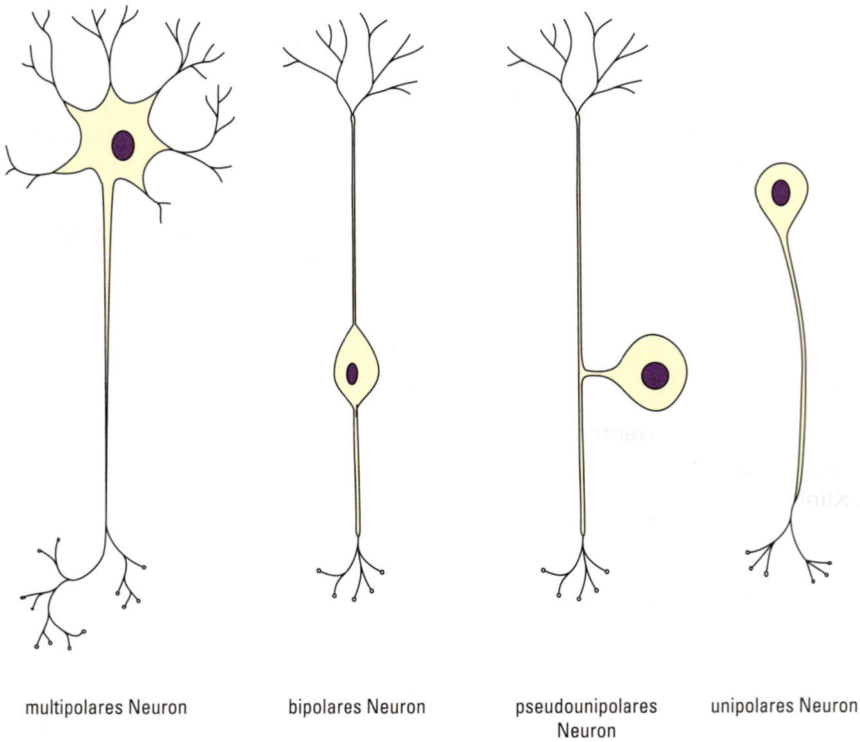

Abb. 3: Neuronentypen

medi-learn.de/6-ana2-3

- Bei unipolaren Neuronen fehlen die reizwahrnehmenden Fortsätze. Sie besitzen nur ein Axon. Die Reizwahrnehmung erfolgt über Synapsen am Perikaryon oder Axon.

Merke!

Multipolare Neurone sind am häufigsten.

1.2.3 Einteilung der Nervenfasern

Die Leitungsgeschwindigkeit einer Nervenfaser steigt proportional zu ihrem Durchmesser. Man unterteilt die Nervenfasern in drei Klassen:
- A (am schnellsten, markhaltig),
- B (mittelschnell, dünn myelinisiert) und
- C (am langsamsten, marklos).

Innerhalb der Klasse A gibt es noch die Einteilung in Aα (am allerschnellsten), Aβ, Aγ und Aδ (langsamste der Schnellen).

1.2.4 Gliagewebe

Gliagewebe ist für die Funktion des Nervensystems absolut unentbehrlich. Es unterstützt Neurone und gibt dem Nervensystem seinen räumlich zusammenhängenden Aufbau. Gliazellen füllen den Interneuralraum soweit aus, dass zwischen den einzelnen zellulären Elementen des ZNS nur noch ein spaltförmiger Inter- bzw. Extrazellularraum bestehen bleibt.

Übrigens ...
Im Gegensatz zu den Neuronen können sich die Gliazellen zeitlebens teilen. Klinisch relevant ist dies für die Narben- und Tumorbildung im ZNS.

Innerhalb der großen Gliazellgemeinde unterscheidet man periphere von zentralen Gliazellen, die unterschiedlicher embryonaler Abstammung sind.

Periphere Gliazellen

Periphere Gliazellen entstammen der **Neuralleiste**. Dabei handelt es sich vorrangig um **Schwann-Zellen**, die für die Myelinisierung (Markscheidenbildung, Ummarkung) der peripheren Nerven zuständig sind. Markscheiden dienen der elektrischen Isolierung.
Zwischen zwei Schwann-Zellen bleibt in aller Regel ein kleiner Spaltraum, an dem der Nervenfortsatz blank liegt. Durch die Kanäle im Bereich des Spaltraums wird die saltatorische (springende) Erregungsleitung ermöglicht, die eine hohe Nervenleitgeschwindigkeit zur Folge hat. Der Raum zwischen zwei Schwann-Zellen heißt **Ranvier-Schnürring**. Je größer dabei der myelinisierte Bereich (Internodium) zwischen zwei Ranvier-Schnürringen ist, desto höher ist auch die Nervenleitgeschwindigkeit. Während der Markscheidenbildung entstehen **Mesaxone**. Das sind Membranduplikaturen des äußeren und inneren Plasmalemms einer Schwann-Zelle (s. Abb. 4, S. 6).

Die langsam übertragenden marklosen Nerven sind auch von Schwann-Zellen zur elektrischen Isolierung umgeben. Dabei umfasst eine Schwann-Zelle mehrere Nervenfortsätze und man sieht im Querschnittsbild keine Lamellenstruktur (s. Abb. 4, S. 6).

Merke!

- Periphere Gliazellen entstammen der Neuralleiste (s. Abb. 5, S. 8).
- Mesaxone entstehen während der Markscheidenbildung und sind Membranduplikaturen des Plasmalemms. Sie kommen sowohl bei markhaltigen als auch bei marklosen Nerven vor.

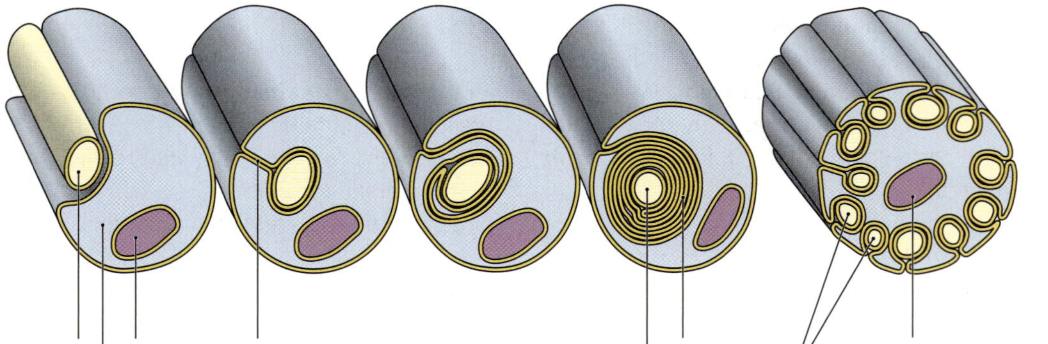

Abb. 4: Markscheidenbildung, Mesaxon

medi-learn.de/6-ana2-4

Übrigens ...
Wird ein Nervenzellfortsatz distal durchtrennt, kommt es zur Waller-Degeneration (anterograde oder orthograde Degeneration). Dabei stirbt der abgetrennte distale Teil ab und seine Markscheide zerfällt. Durch Proliferation/Wiederauswachsen der Schwann-Zellen kann die Markscheide neu gebildet werden. Sie dient als mechanische und chemische (durch Sekretion von Wachstumsfaktoren) Leitschiene für den – mit 1 mm pro Tag – neu auswachsenden Nerv.

Zentrale Gliazellen

Zentrale Gliazellen stammen wie die Neurone aus dem **Neuralrohr** ab. Sie nehmen ca. 50 % des Hirnvolumens ein. Man unterscheidet vier Typen:

- **Astrozyten**
- **Oligodendrozyten**
- **Mikro-/Mesoglia (Achtung! Abstammung vom Mesoderm)**
- **Ependymzellen**

Merke!

Gliazellen sind die wichtigsten unterstützenden Zellen des ZNS. Sie entstammen dem Neuralrohr (s. Abb. 5, S. 8).
Mikroglia-Zellen stammen nicht aus dem Neuralrohr, sondern vom Mesoderm ab.

Astrozyten. Astrozyten sind die Stützzellen des ZNS und ersetzen zugrunde gegangenes Gewebe (Glianarben). Mit ihren Fortsätzen ziehen sie zu den Blutgefäßen und wirken dort am Austausch von Nährstoffen und Stoffwechselprodukten zwischen Blut und Neuronen mit. Daher haben sie entscheidenden Anteil an der Ausbildung der Blut-Hirn-Schranke.

Oligodendrozyten. Die Oligodendrozyten sind die Markscheidenbildner des ZNS. Dabei umschließt der Oligodendrozyt mit seinen Fortsätzen mehrere Axone/Dendriten.

Übrigens ...
Die Multiple Sklerose ist eine Autoimmunreaktion des Körpers gegen Oligodendrozyten. Dabei kommt es zum Abbau der Markscheiden. Die Folgen sind Lähmungen und Sensibilitätsverluste, die z. T. durch erneute Umhüllung der Nervenfortsätze reversibel sind.

Mikro- oder Mesoglia (Hortega-Zellen). Diese kleinen Gliazellen des ZNS sind nicht ortständig. Sie sind eingewanderte Makrophagen, die Abwehr- und Abräumaufgaben erfüllen. Sie entstammen als einzige Gliazellen dem Mesoderm.

Ependymzellen. Ependymzellen sehen wie hochprismatische Epithelzellen aus und kleiden die Ventrikel aus. Sie besitzen viele Mikrovilli als Ausdruck einer starken Sekretions-/Resorptionstätigkeit.

1.2.5 Blut-Hirn-Schranke

Die Blut-Hirn-Schranke besteht aus drei Schichten:
- Endothel der Kapillaren (innen),
- Basalmembran und
- Astrozytenfortsätzen (außen).

Sie ist selektiv durchlässig für Ethanol aufgrund seiner Lipidlöslichkeit und kann bei Infektionen oder Tumoren durchlässiger werden (Schrankenstörung).

1.2.6 Ganglien

Hier solltest du unbedingt folgende Begriffe auseinanderhalten:
- Ganglienzelle (andere Bezeichnung für Nervenzelle/Neuron) und
- Ganglion (Ansammlung von Nervenzellkörpern).

Die sensiblen Ganglien enthalten immer Perikaryen pseudounipolarer Neurone (Ausnahme: Bipolarzellen des sensorischen Ganglions von Hirnnerv VIII). In diesen Ganglien findet KEINE Umschaltung der Information statt.

2 Entwicklung

Fragen in den letzten 10 Examen: 1

In diesem Kapitel werden die Grundlagen der Entwicklung des Nervensystems besprochen (dazu mehr in Skript Anatomie 1). Ziel ist es, die Verschaltungen zwischen den Hirnab-

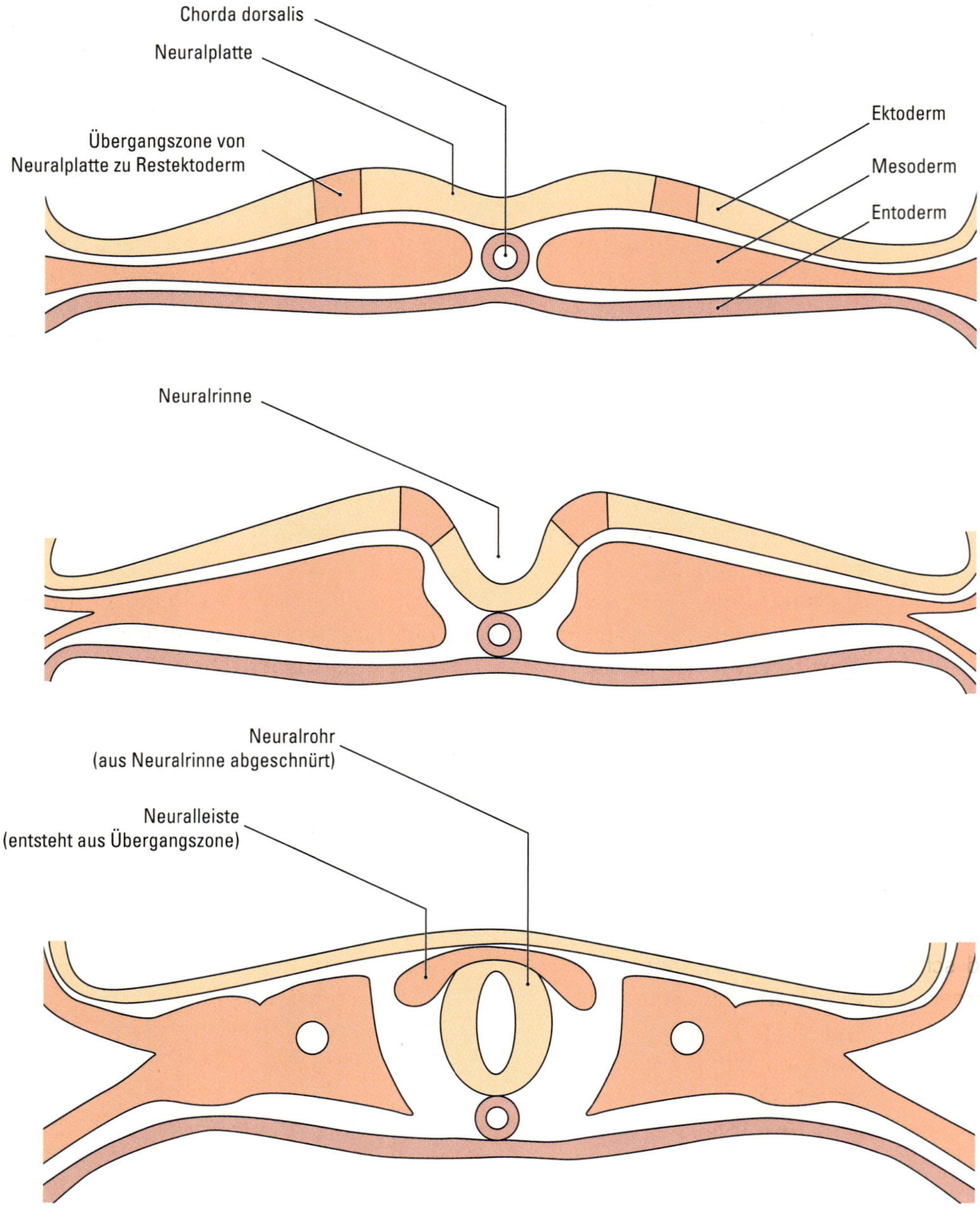

Abb. 5: Entwicklung des Neuralrohrs *medi-learn.de/6-ana2-5*

schnitten, aber auch den Skelettbestandteilen, Muskeln und Nerven als entwicklungsgeschichtlich zusammengehörige Einheit zu verstehen.

2.1 Embryonale Entwicklung des Nervensystems

Auch wenn es auf den ersten Blick scheint, die Entwicklung des Nervensystems ist gar nicht so kompliziert. Dieser Abschnitt versucht, die Embryologie des Nervensystems einfach, aber dennoch umfassend genug darzulegen, um die darauf aufbauenden nachfolgenden Kapitel besser verstehen zu können. Bei der embryonalen Entwicklung des Nervensystems lassen sich drei wesentliche Schritte unterscheiden:

1. Induktion,
2. Neurulation und
3. Bläschenformation.

2.1.1 Induktion

Sind die drei Keimblätter Endoderm, Mesoderm und Ektoderm beim Embryo entstanden, entwickelt sich durch einen von Mesoderm/Chorda dorsalis (primitive Längsachse) ausgehenden Reiz (Induktion) im Ektoderm ein spezialisierter Bezirk, das Neuroektoderm. Dies geschieht etwa am 17. Embryonaltag. Aus diesem Neuroektoderm bildet sich die Neuralplatte, aus der der größte Anteil des Nervensystems entsteht.

2.1.2 Neurulation

Die Neuralplatte vertieft sich zur Neuralrinne und schnürt sich als Neuralrohr ab. Dieser Vorgang wird Neurulation genannt und findet in etwa am 18. Embryonaltag statt. Die Übergangszone zwischen Ektoderm und Neuroektoderm nähert sich beiderseits durch die Neurulation an und bildet die Neuralleiste. Sie enthält das Material für die Entwicklung des peripheren Nervensystems.
Zu Beginn ist das Neuralrohr an beiden Enden noch offen. Nach dem Verschluss entwickelt sich aus dem abgeschlossenen Neuralrohrsystem das Ventrikelsystem.

Übrigens ...
Ein fehlerhafter Schluss des Neuralrohres führt zu dysraphischen Defekten:
- Aus dem fehlenden Schluss des Neuroporus rostralis entsteht ein Anencephalus. Dabei fehlen alle oder große Teile des Groß- und Zwischenhirns sowie des Schädeldachs. Diese Fehlbildung ist nicht mit dem Leben vereinbar.
- Bleibt der Schluss des Neuroporus caudalis aus, so entsteht eine Spina bifida. Je nach Schweregrad ist sie von außen nicht sichtbar (Spina bifida occulta) oder führt zum sichtbaren Austreten des Rückenmarks samt Meningen (Meningomyelozele). Diese Fehlbildung ist mit dem Leben vereinbar und kann operativ korrigiert werden.

2.1.3 Bläschenformation

Aus dem Neuralrohr bilden sich am oberen Ende die Hirnbläschen. Es werden
- Vorderhirn (Prosencephalon),
- Mittelhirn (Mesencephalon) und
- Hinterhirn/Rautenhirn (Rhombencephalon)

als primäre Hirnbläschen unterschieden. Die Vorder- und Hinterhirnbläschen teilen sich am 32. Embryonaltag erneut, sodass fünf sekundäre Hirnbläschen entstehen:
Prosencephalon (Vorderhirn).
- **Telencephalon** (Endhirn oder Großhirn)
  - linke und rechte Hemisphäre
- **Diencephalon** (Zwischenhirn)
  - Augenbläschen (Anlage für N. opticus, Retina, Netzhaut)
  - Thalamus etc.

Mesencephalon (Mittelhirn)
Rhombencephalon (Hinterhirn/Rautenhirn)
- **Metencephalon**
  - Cerebellum (Kleinhirn)
  - Pons (Brücke)

– **Myelencephalon** (zukünftige Medulla oblongata).

Merke!

Zum Rhombencephalon gehören Metencephalon und Myelencephalon.

Die Bläschen wachsen unterschiedlich schnell, sodass es zu einem Abkippen des Neuralrohrs zwischen Mittel- und Zwischenhirn nach vorn um ca. 60° kommt.

2.2 Kiemenbögen und deren Derivate

Auch wenn Embryologie nicht jedermanns Interessengebiet ist, lohnt es sich, ein wenig davon aufzunehmen. Mit Hilfe der Embryologie ist nämlich die häufig auf den ersten Blick nicht logisch nachvollziehbare Innervation bestimmter Muskeln leichter verständlich. Ein Beispiel dafür sind die Kiemenbögen und ihre Derivate.

Während der Embryonalzeit entwickeln sich die Kiemenbögen. Diese sind – wie der Rest des Körpers auch – segmental angelegt. Jedem Kiemenbogen können Skelettelemente, Bänder, Muskulatur und Nerven zugeordnet werden.

Die folgende Tabelle soll dies verdeutlichen und leistet dir hoffentlich gute Dienste zur Prüfungsvorbereitung.

Kiemenbogen	Nerv	Muskeln	Skelettelemente	Bänder
1. Mandibularbogen	N. trigeminus (V)	Kaumuskeln – M. mylohyoideus – Venter anterius des M. digastricus – M. tensor tympani – M. tensor veli palatini	– Malleus (Hammer) – Incus (Amboss) – Mandibula – Maxilla – Os zygomaticum – Pars squamosa des Os temporale	– vorderes Band des Hammers – Lig. sphenomandibulare
2. Hyoidbogen	N. facialis (VII)	mimische Muskulatur – M. stapedius – M. stylohyoideus – Venter posterius des M. digastricus	– Steigbügel – Proc. styloideus – kleines Zungenbeinhorn – oberer Teil des Zungenbeinkörpers	Lig. stylohyoideum
3. Kiemenbogen	N. glosso-pharyngeus (IX)	M. stylopharyngeus	– großes Zungenbeinhorn – unterer Teil des Zungenbeinkörpers	
4. und 6. Kiemenbogen	N. laryngeus superior et inferior (N. recurrens) des N. vagus (X)	Pharynx- und Larynxmuskulatur	– Schildknorpel – Ringknorpel – Aryknorpel – Cartilago corniculata – Cartilago cuneiformis	

Tab. 1: Kiemenbögen und deren Derivate

DAS BRINGT PUNKTE

Im schriftlichen Physikum wurde bisher besonders gerne gefragt, welche **Zellen von der Neuralleiste** abstammen und welche nicht. Deshalb an dieser Stelle nochmals eine kurze Zusammenfassung:
Aus der Neuralleiste entstehen

- Melanozyten,
- Drüsenzellen des Nebennierenmarks,
- postganglionäre sympathische Neurone,
- Spinalganglienzellen,
- Kopfmesenchym und
- Schwann-Zellen.

Motorische Vorderhornzellen und Epithelzellen des Plexus choroideus entstehen NICHT aus der Neuralleiste.

Ebenfalls häufig gefragt wurde nach den einzelnen zentralen **Gliatypen**:

- Astrozyten,
- Oligodendrozyten,
- Mikro-/Mesoglia und
- Ependymzellen.

Wichtig ist hierbei, dass die Mikroglia vom Mesoderm entstammt.

Mehrfach wurde nach dem Vorkommen **pseudo-unipolarer Nervenzellen** gefragt. Dazu solltest du wissen, dass

- pseudounipolare Nervenzellen unter anderem im Ganglion inferius n. vagi und im Ganglion trigeminale vorkommen.

Bipolare Nervenzellen hingegen liegen im Ganglion vestibulare.

Die Fragen zum Thema **Entwicklung** beschränken sich fast ausschließlich auf das Thema Kiemenbögen und deren Derivate. Punkte sind leicht zu holen, wenn du dir Tab. 1, S. 10 eingeprägt hast. Besonders häufig gefragt wurde nach

- Kiemenbögen und zugehörigen Nerven,
- Kiemenbögen und zugehöriger Muskulatur sowie
- Kiemenbögen und zugehörigen Skelett- und Bandelementen.

Es kamen aber auch einige Fragen zum Thema **Neuralleiste/Neuralrohr** vor. Hierbei wurde nach klinischem Inhalt gefragt:

- Anencephalus,
- Spina bifida occulta und
- Meningomyelozele.

Zudem solltest du noch wissen, dass

- die Neuralleiste aus der Übergangszone zwischen Neuralplatte und Oberflächenektoderm entsteht und
- sich aus der Neuralleiste das PNS entwickelt.

FÜRS MÜNDLICHE

Überprüfe dein Wissen anhand folgender Fragen zu den Themen „ZNS“ und „Entwicklung“ alleine oder in einer Lerngruppe.

1. **Welche Einteilungsmöglichkeiten des Nervensystems kennen Sie?**
2. **Erläutern Sie bitte den Aufbau einer Nervenzelle.**
3. **Bitte erklären Sie, was markhaltig, was marklos bedeutet.**
4. **Erläutern Sie bitte den Vorteil der Myelinscheide.**

FÜRS MÜNDLICHE

5. **Welche Neuronentypen kennen Sie?**
6. **Erklären Sie bitte, was Ganglien im Nervensystem sind.**
7. **Bitte erläutern Sie den Unterschied zwischen grauer und weißer Substanz.**
8. **Erläutern Sie bitte den Unterschied zwischen peripherer und zentraler Glia.**
9. **Bitte erläutern Sie, welche Hirnnerven zu welchem Kiemenbogen gehören.**
10. **Bitte erklären Sie, welche Skelettelemente und Muskeln aus welchem Kiemenbogen entstehen.**
11. **Erläutern Sie bitte woraus die Neuralplatte entsteht.**
12. **Welche Fehlbildungen bei der Neurulation kennen Sie?**
13. **Was verstehen Sie unter Hirnbläschen?**

---

1. Welche Einteilungsmöglichkeiten des Nervensystems kennen Sie?
ZNS, PNS, somatisches, vegetatives NS.

2. Erläutern Sie bitte den Aufbau einer Nervenzelle.
Siehe Abb. 2, S. 3.

3. Bitte erklären Sie was markhaltig, was marklos bedeutet.
Markhaltig = mit Myelinscheide,
marklos = ohne Myelinscheide.

4. Erläutern Sie bitte den Vorteil der Myelinscheide.
Erhöhung der Leitungsgeschwindigkeit durch saltatorische Erregungsleitung.

5. Welche Neuronentypen kennen Sie?
Multi-, bi-, uni- und pseudounipolare.

6. Erklären Sie bitte was Ganglien im Nervensystem sind.
Ganglien sind Ansammlungen von Nervenzellkörpern im peripheren Nervensystem.

7. Bitte erläutern Sie den Unterschied zwischen grauer und weißer Substanz.
Graue Substanz = Perikaryen,
weiße Substanz = Fortsätze und Gliagewebe.

8. Erläutern Sie bitte den Unterschied zwischen peripherer und zentraler Glia.
Periphere Glia entstammt der Neuralleiste, Beispiel: Schwann-Zelle;
zentrale Glia entstammt dem Neuralrohr, bis auf Mikroglia, die entstammt dem Mesoderm, vier Typen:
- Astrozyten,
- Oligodendrozyten,
- Mikro-/Mesoglia und
- Ependymzellen.

9. Bitte erläutern Sie, welche Hirnnerven zu welchem Kiemenbogen gehören.
Siehe Tab. 1, S. 10.

10. Bitte erklären Sie, welche Skelettelemente und Muskeln aus welchem Kiemenbogen entstehen.
Siehe Tab. 1, S. 10.

11. Erläutern Sie bitte woraus die Neuralplatte entsteht.
Aus Ektoderm.

12. Welche Fehlbildungen bei der Neurulation kennen Sie?
- Anencephalus,
- Spina bifida occulta und
- Meningomyelozele.

13. Was verstehen Sie unter Hirnbläschen?
Hirnbläschen entstehen am oberen/vorderen Ende des Neuralrohrs, es gibt primäre und sekundäre (s. 2.1.3, S. 9).

Mehr Cartoons unter www.medi-learn.de/cartoons

Pause

Erste Pause!
Hier was zum Grinsen für Zwischendurch ...

3 Hirnnerven

Fragen in den letzten 10 Examen: 30

Zur Wiederholung ist diesem Kapitel ein Teil namens „Makroskopie - Wiederholung" vorangestellt, um die Foramina des Schädels in Erinnerung zu rufen. Nachfolgend werden dann die Hirnnerven einzeln besprochen. Obwohl dieses Thema sehr ausführlich im Skript Anatomie 4 behandelt wird, solltest du das Kapitel auch hier schon durcharbeiten. Dies ist dem prüfungstechnisch sehr wichtigen Inhalten durchaus angemessen.

3.1 Makroskopie – Wiederholung

Die wesentlichen Öffnungen des Schädels sind in folgender Grafik (s. Abb. 6, S. 15) dargestellt:

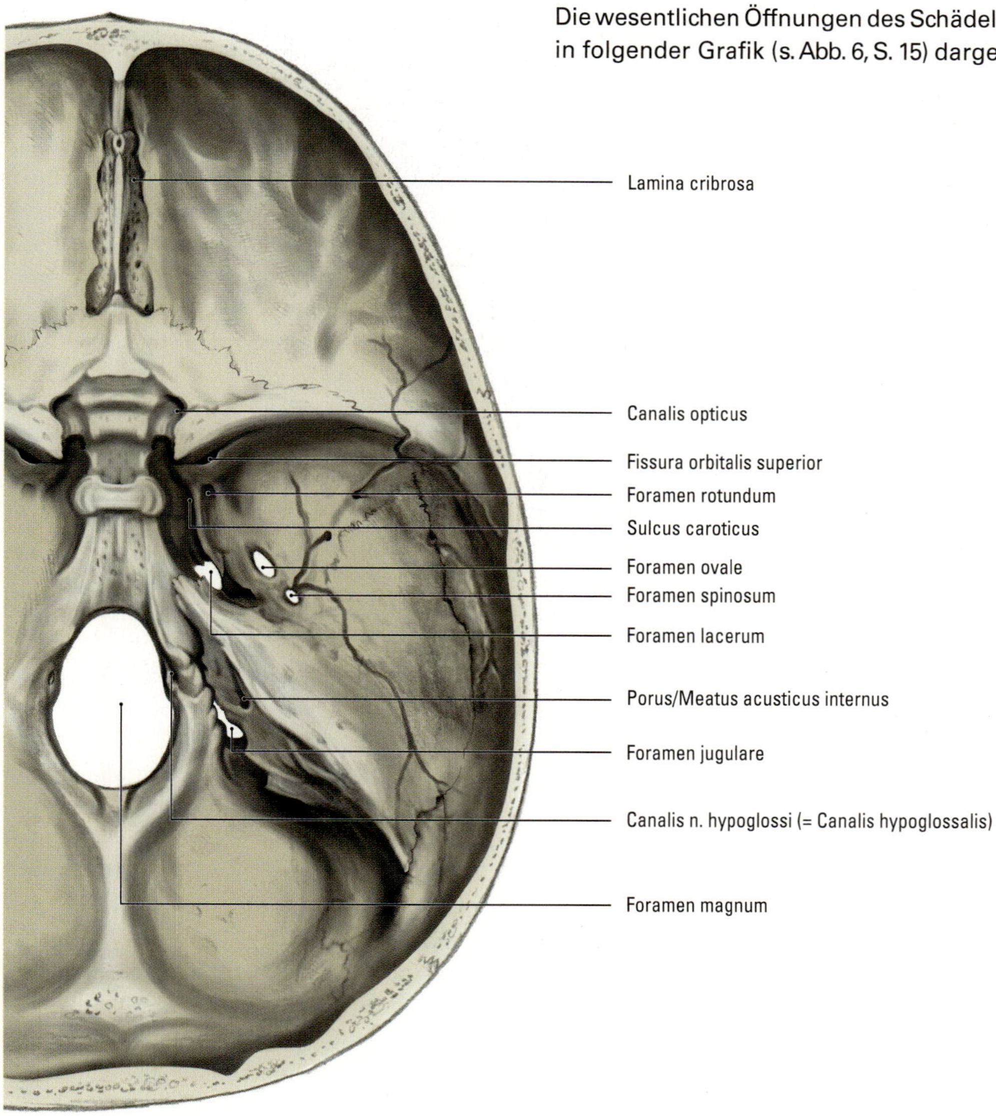

Abb. 6: Schädelöffnungen

medi-learn.de/6-ana2-6

Merke!

- **roter Max** – durch das Foramen **rot**undum zieht der N. **max**illaris.
- **ovale Mand**el – durch das Foramen **ovale** zieht der N. **mand**ibularis.

3.2 Nervus olfactorius (Hirnnerv I)

Der N. olfactorius (Riechnerv) ist ein rein sensorischer (speziell-viszerosensibler) Nerv. Im Gegensatz zu anderen sensiblen Nervenzellen befinden sich diese Nervenzellen jedoch NICHT in einem Ganglion. Sie besitzen auch KEINE peripheren und zentralen Fortsätze, sondern bilden selbst die Axone, die ins ZNS reichen. Diese Art von Sinneszellen werden **primäre Sinneszellen** genannt. Die marklosen Fortsätze bilden die Filae olfactoriae und ziehen durch die Lamina cribrosa zum Bulbus olfactorius. Dort findet die erste Umschaltung statt, weshalb man den Bulbus olfactorius auch als Hirnnervenkern des N. olfactorius auffassen kann. Vom Bulbus olfactorius ziehen die Fasern dann über den Tractus olfactorius in die primäre Riechrinde.
Faserqualität: sensorisch (speziell-viszerosensibel).

Übrigens ...
Bei Schädelbasisverletzungen kann es durch Scherkräfte zum Abriss der Filae olfactoriae an der Lamina cribrosa kommen. Dies kann eine Hyposmie (Riechminderung) oder sogar eine Anosmie (Unfähigkeit zu riechen) zur Folge haben. Die Betroffenen können nur noch süß, sauer, salzig und bitter schmecken; scharfe Agenzien wie z. B. Ammoniak werden über den N. trigeminus wahrgenommen (Trigeminusreizstoffe).

3.3 Nervus opticus (Hirnnerv II)

Der N. opticus (Sehnerv) ist ebenfalls ein rein sensorischer (speziell-somatosensibler) Hirnnerv. Er ist als Teil des Zwischenhirns aufzufassen, beginnt in der Retina und setzt sich dort aus den Fortsätzen der großen retinalen Ganglienzellen zusammen. Diese Fortsätze liegen an einer Stelle besonders dicht (Papilla nervi optici) und bilden dort den blinden Fleck. Nach Verlassen des blinden Flecks ist der N. opticus von Oligodendrozyten und den Hirnhäuten umgeben. In seinem Verlauf verlässt der N. opticus die Orbita zusammen mit der A. ophthalmica durch den Canalis opticus. Über der Hypophyse bildet er das Chiasma opticum. Dort kreuzen die Fasern, die von der medialen Netzhauthälfte kommen (laterales Gesichtsfeld), zur Gegenseite. Die Fasern der lateralen Netzhauthälfte (mediales Gesichtsfeld) verlaufen hingegen ungekreuzt. Nach der Kreuzung spricht man vom Tractus opticus. Dieser zieht zum Corpus geniculatum laterale des Thalamus. Dort findet die erste Umschaltung außerhalb der Retina statt. Danach ziehen die Fasern zur primären Sehrinde.
Faserqualität: sensorisch (speziell-somatosensibel).

Merke!

Das Chiasma opticum befindet sich über der Hypophyse und kann deshalb leicht durch Hypophysentumoren geschädigt werden.

Übrigens ...
Die typischen Ausfallerscheinungen werden im Abschnitt Auge (s. Skript Anatomie 3) besprochen. Für dieses Kapitel relevant sind die Stauungspapille und die Multiple Sklerose: Bei der **Stauungspapille** schwillt durch die Behinderung des venösen Abflusses die Papilla nervi optici an. Dies sieht man beim Spiegeln des Augenhintergrunds als Vorwölbung. Die Stauungspapille ist Ausdruck eines gesteigerten Hirndrucks und sollte immer eine weiterführende Diagnostik nach sich ziehen.

- Bei der **Multiplen Sklerose** kommt es zu einem autoimmun bedingten Zerfall von Oligodendrozyten und damit dem Funktionsverlust der betroffenen Nervenbahnen. Da der N. opticus als Teil des Gehirns auch von Oligodendrozyten umgeben ist, manifestiert sich die Erkrankung häufig in Form von Schleiersehen oder Gesichtsfeldausfällen, die u. U. zur Blindheit führen.

3.4 Nervus oculomotorius (Hirnnerv III)

Der N. oculomotorius innerviert einen Großteil der Augenmuskulatur. Er verlässt den Hirnstamm in der Fossa interpeduncularis. Sein Ursprung liegt im Mittelhirn. Dabei ist das somatomotorische Kerngebiet für die Innervation der quergestreiften äußeren Augenmuskeln, das viszeromotorische Kerngebiet für die Innervation der glatten inneren Augenmuskeln zuständig. Somatomaotorisch innerviert der N. oculomotorius diese äußeren Augenmuskeln:

- M.rectus superior (Hebung, Einwärtsrollung, Adduktion),
- M.rectus medialis (Adduktion),
- M.rectus inferior (Senkung, Auswärtsrollung, Adduktion),
- M. obliquus inferior (Hebung in Adduktionsstellung, Auswärtsrollung, Abduktion) und
- M.levator palpebrae superioris (Lidöffnung).

Ein Ast mit parasympathischen Fasern zieht zum Ganglion ciliare und versorgt viszeromotorisch diese glatten Augenmuskeln:

- M. ciliaris und
- M. sphincter pupillae.

Faserqualität: somatomotorisch und viszeromotorisch.

Merke!

Der N. oculomotorius innerviert alle äußeren Augenmuskeln mit **Ausnahme** des **M. obliquus superior** und des **M. rectus lateralis**.

Übrigens ...

Beim Ausfall eines N. oculomotorius klagt der Patient über Doppelbilder, da das betroffene Auge nach außen und unten blickt. Bei Blick in die Richtung des geschädigten Auges werden die Doppelbilder weniger. Durch Ausfall des M. levator palpebrae superioris kommt es zur Ptosis (schlaffes Herunterhängen des Augenlids). Die Mydriasis (Weitstellung der Pupille) und mangelndes Akkomodationsvermögen resultieren aus dem Ausfall der parasymphatischen Fasern. Damit wird das Lesen mit dem betroffenen Auge schwer möglich.
Zur Untersuchung wird der Pupillenreflex getestet.

Die Ptosis des **Horner-Syndroms** entsteht durch Lähmung des sympathisch innervierten M. tarsalis superior. Sie ist nicht so ausgeprägt wie die Ptosis infolge der Lähmung des M. levator palpebrae superioris.

3.5 N. trochlearis (Hirnnerv IV)

Der N. trochlearis versorgt nur den M. obliquus superior am Auge. Er ist ein rein somatomotorischer Hirnnerv und hat sein Kerngebiet im Mittelhirn.
In seinem Verlauf tritt der N. trochlearis als einziger Hirnnerv dorsal aus, am Unterrand der Vierhügelplatte. Topografisch hat er Bezug zum Sinus cavernosus. Seine Funktion ist die Innervation des

- M. obliquus superior (Senkung in Adduktionsstellung, Einwärtsrollung, Abduktion).

Faserqualität: rein somatomotorisch.

3

Übrigens ...
Bei Schädigung des N. trochlearis steht der Bulbus nach medial oben. Die Patienten sehen Doppelbilder und versuchen durch Schiefhaltung des Kopfes diese auszugleichen. Die Doppelbilder erscheinen am deutlichsten beim Blick nach medial unten.

3.6 N. trigeminus (Hirnnerv V)

Der N. trigeminus ist ein gemischt sensibel und motorischer Nerv. Mit der größeren Radix sensoria (Portio major) versorgt er sensibel das gesamte Gesicht, Mund und Nasenschleimhaut sowie einen Großteil der Hirnhäute. Die kleinere Radix motoria (Portio minor) versorgt motorisch die Kaumuskulatur.
Innerhalb einer Duratasche bildet er das große sensible Ganglion trigeminale (Ganglion semilunare oder auch Ganglion Gasseri). Es enthält die Perikaryen der pseudounipolaren Nervenzellen. Aus dem Ganglion entspringen drei große Hauptstämme:
- N. ophthalmicus (V1),
- N. maxillaris (V2) und
- N. mandibularis (V3).

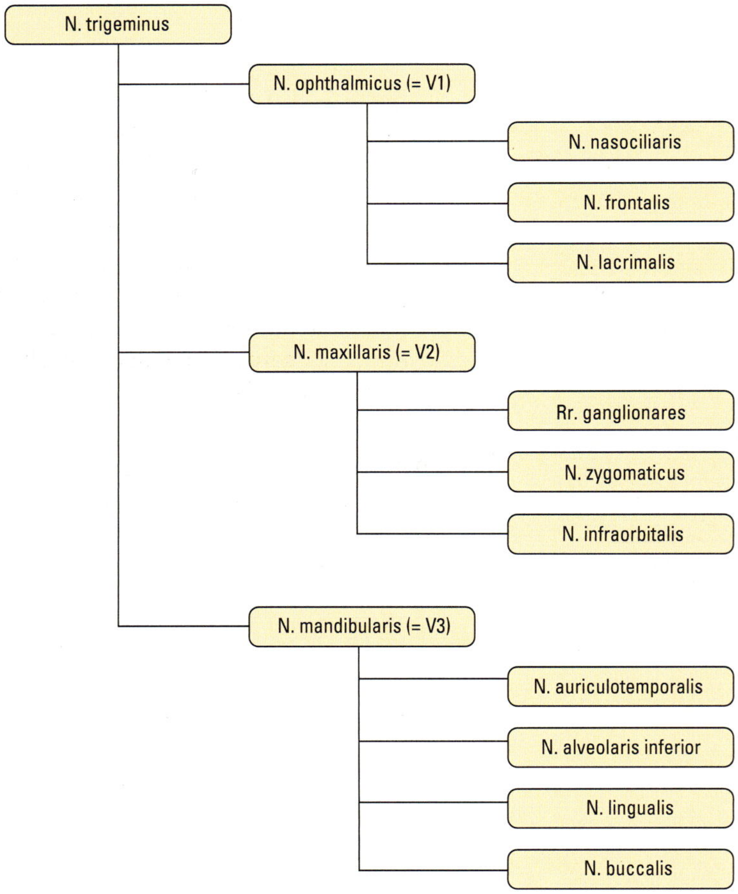

Abb. 7: N. trigeminus mit Aufzweigungen *medi-learn.de/6-ana2-7*

Lediglich der N. mandibularis führt die Fasern aus der Radix motoria, um damit die Kaumuskulatur zu innervieren. Alle drei Hauptstämme teilen sich nochmals in mindestens drei Hauptäste auf. Dabei versorgt jeweils der erste Hauptast das zugehörige Schleimhautareal, der zweite Hauptast zieht nach medial und der dritte nach lateral.

Faserqualität: somatosensibel und viszeromotorisch.

Merke!

Das Ganglion GASSERI = Ganglion semilunare = Ganglion trigeminale enthält nur Nervenzellkörper. Hier wird **NICHTS umgeschaltet**.
Das Ganglion selbst liegt in einer Duratasche und vermittelt Kopfschmerzen.

3.6.1 N. ophthalmicus (V1)

Der N. ophthalmicus teilt sich in der Fissura orbitalis superior in den N. nasociliaris, N. frontalis und N. lacrimalis auf. Vorher gibt er einen rückläufigen Ast für die Hirnhäute ab (R. tentorius).

Nerv	Versorgungsgebiet
N. nasociliaris	Siebbeinzellen, Keilbeinhöhle, Nasenscheidewand, Konjunktiva, Nasenrücken sensibel
N. frontalis	Stirn, medialer Augenwinkel, Oberlid sensibel
N. lacrimalis	lat. Teil von Augenwinkel, Oberlid und Konjunktiva sensibel, Tränendrüse sekretorisch

Tab. 2: Äste des N. ophthalmicus und ihre Versorgungsgebiete

3.6.2 N. maxillaris (V2)

Der N. maxillaris gibt vor dem Durchtritt durch das Foramen rotundum einen Ramus meningeus ab. Dann tritt er in die Fossa pterygopalatina ein, wo er sich in drei Äste teilt:

Nerv	Versorgungsgebiet
Rami ganglionares	Schleimhaut der Nasenmuscheln, hintere Siebbeinzellen sowie harter und weicher Gaumen sensibel
N. zygomaticus	Haut über dem Jochbein sensibel
N. infraorbitalis	Haut zwischen Unterlid und Oberlippe sensibel, über die Nn. alveolares superiores die Zähne des Oberkiefers

Tab. 3: Äste des N. maxillaris und ihre Versorgungsgebiete

3.6.3 N. mandibularis (V3)

Der N. mandibularis führt neben sensiblen Fasern auch motorische Fasern für die Kaumuskulatur. Er verlässt die Schädelhöhle durch das Foramen ovale und tritt in die Fossa infratemporalis ein. Von dort zieht ein rückläufiger Ast zusammen mit der A. meningea media durch das Foramen spinosum in die Schädelhöhle zurück, zur Versorgung der Meningen. Der sensible Anteil zweigt sich in **vier** Äste auf:

Nerv	Versorgungsgebiet
N. auriculotemporalis	Schläfe und vordere Ohrmuschel sensibel
N. alveolaris inferior	Unterkieferzähne, als N. mentalis die Haut des Kinns sensibel
N. lingualis	vordere zwei Drittel der Zunge allgemein-somatosensibel sowie speziell-viszerosensibel (über die Fasern aus der Chorda tympani)
N. buccalis	Wangenschleimhaut und angrenzendes Zahnfleisch sensibel

Tab. 4: Äste des N. mandibularis und ihre Versorgungsgebiete

Die motorischen Äste werden nach den Muskeln benannt, die sie innervieren:
- N. massetericus (M. masseter),
- Nn. temporales profundi (M. temporalis),
- Nn. pterygoidei (M. pterygoideus medialis et lateralis),
- N. mylohyoideus (Mundbodenmuskulatur) und
- Äste zum M. tensor veli palatini und M. tensor tympani.

Übrigens ...
Eine Schädigung des N. trigeminus hat eine Sensibilitätsstörung des betroffenen Gesichtsareals zur Folge. Ist der motorische Anteil betroffen, weicht der Unterkiefer beim Öffnen zur Seite der Schädigung ab. Die weitaus häufigere Trigeminusneuralgie (Überempfindlichkeit des N. trigeminus) hat schwerste Schmerzzustände auf schon kleinste Berührungsreize zur Folge. Klinisch prüft man deshalb die Trigeminusdruckpunkte (Austrittsstellen des N. trigeminus). Der Kornealreflex bewirkt den Lidschluss und wird auch zur Überprüfung des N. facialis eingesetzt.

3.7 N. abducens (Hirnnerv VI)

Der N. abducens entspringt relativ medial in der Medulla oblongata am Unterrand der Brücke. Er verläuft als einziger Hirnnerv durch das Lumen des Sinus cavernosus und zieht durch die Fissura orbitalis superior zum M. rectus lateralis. Seine ausschließliche Funktion ist die motorische Versorgung des
- M. rectus lateralis (Abduktion).

Faserqualität: somatomotorisch.

Übrigens ...
Bei Schädigung des N. abducens blickt das betroffene Auge nach medial. Dies führt zu Doppelbildern, die beim Blick nach lateral stärker, beim Blick nach medial schwächer werden.

3.8 N. facialis (Hirnnerv VII)

Der N. facialis innerviert mit speziell-viszeromotorischen Fasern die gesamte mimische Muskulatur. Die mit ihm laufenden Intermediusfasern (deshalb auch N. intermedio-facialis genannt) führen parasympathisch-sekretorische Fasern sowie sensorische Geschmacksfasern.

In ihrem Verlauf treten der N. facialis (s. IMPP-Bild 2, S. 59) und der N. intermedius im Kleinhirnbrückenwinkel aus und ziehen zusammen mit dem N. vestibulocochlearis durch den Porus acusticus internus. Im äußeren Fazialisknie des Canalis facialis liegt das Ganglion geniculi mit den pseudounipolaren Nervenzellkörpern der sensorischen Nervenzellen für die sensorischen Geschmacksfasern. Die motorischen Fasern treten in die Glandula parotis ein und teilen sich dort in fünf Äste auf:
- Rami temporales,
- Rami zygomatici,
- Rami buccales,
- Ramus marginalis mandibulae und
- Ramus colli.

In Höhe des Ganglion geniculi verlassen präganglionäre parasympathische Fasern den Hauptstamm des N. facialis. Sie ziehen als N. petrosus major zum Ganglion pterygopalatinum und werden dort auf das zweite Neuron umgeschaltet. Die postganglionären Fasern ziehen mit dem N. zygomaticus (Ast des N. maxillaris) zur Tränendrüse.
Der N. stapedius geht auch im Canalis facialis ab und innerviert den M. stapedius. Kurz bevor der N. facialis den Canalis facialis verlässt, zweigt die Chorda tympani (Paukensaite) ab. Die Fasern schließen sich dem N. lingualis (aus dem N. mandibularis) an und innervieren die vorderen zwei Drittel der Zunge sensorisch. Präganglionäre Fasern ziehen zum Ganglion submandibulare, wo sie umgeschaltet werden und die Speicheldrüsen (Glandula submandibularis, Glandula sublingualis, akzessorische Zungendrüsen) innervieren.

Die Funktion des N. facialis ist die motorische Innervation der mimischen Muskulatur, des Venter posterior des M. digastricus, des M. stylohyoideus sowie des M. stapedius. Parasympathisch innerviert er die Tränendrüse sowie die Glandulae submandibularis et sublingualis. Sensorisch werden die vorderen zwei Drittel der Zunge versorgt.
Faserqualität: speziell-viszeromotorisch, allgemein-viszeromotorisch und speziell-viszerosensibel.

Merke!

Der N. facialis innerviert den M. buccinator.

Übrigens ...
Man unterscheidet zwischen zentraler und peripherer Fazialisparese.

- Bei der **peripheren Fazialisparese** kann die Stirn auf der betroffenen Seite nicht gerunzelt, das Auge nicht geschlossen und der Mund nicht bewegt werden.
- Bei der **zentralen Fazialisparese** kann die Muskulatur unterhalb des Augenlids der betroffenen Seite nicht mehr bewegt werden. Stirnrunzeln und Lidschluss sind jedoch noch möglich, da die dafür zuständigen Kerngebiete auch durch die kontralaterale Seite innerviert werden.
Bei Schädigung vor Abgang der Chorda tympani können auch Geschmacksstörungen an den vorderen zwei Dritteln der Zunge auftreten.
Die Tränenproduktion ist bei Schädigung vor dem Abgang des N. petrosus major vermindert. Zur Hyperakusis kommt es durch Lähmung des M. stapedius.

3.9 N. vestibulocochlearis (Hirnnerv VIII)

Der N. vestibulocochlearis ist ein rein sensorischer Hirnnerv. Er setzt sich aus zwei Anteilen zusammen. Beide führen Afferenzen aus dem Innenohr. Der N. cochlearis führt akustische Reize aus der Schnecke, der N. vesti-

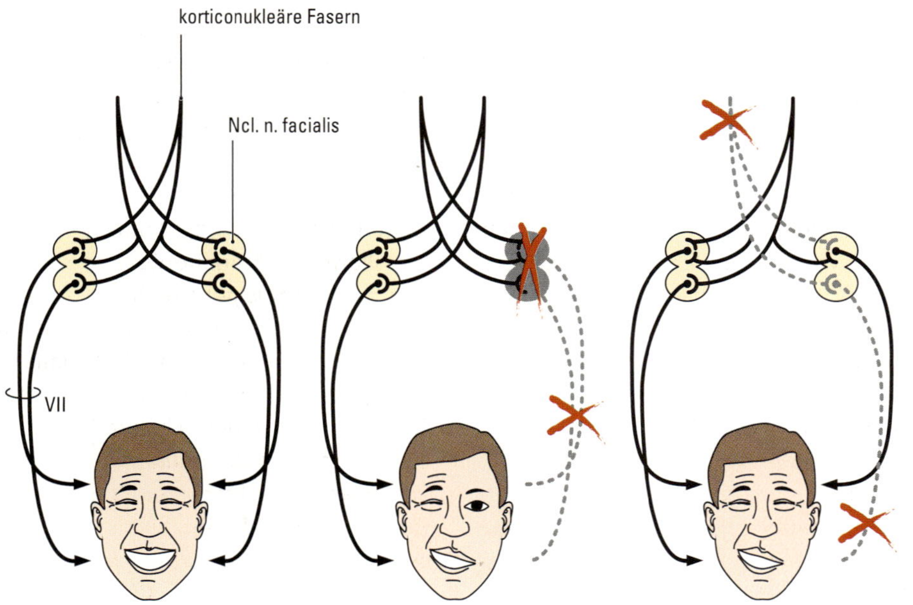

Abb. 8: Periphere und zentrale Fazialisparese

medi-learn.de/6-ana2-8

bularis führt statische Reize (Gleichgewichtsempfinden) aus Sacculus, Utriculus und den Bogengängen.
Die Perikaryen des N. cochlearis liegen im Ganglion cochleare (Ganglion spirale cochleae). Die zentralen Fortsätze bilden den N. cochlearis. Die Perikaryen des N. vestibularis liegen im Ganglion vestibulare im Meatus acusticus internus. Die zentralen Fortsätze bilden den N. vestibularis. Im inneren Gehörgang vereinigen sich diese beiden Nerven, um gemeinsam durch den Porus acusticus internus in die hintere Schädelgrube zu ziehen. Kaudolateral des N. facialis zieht der N. vestibulocochlearis dabei in den Hirnstamm, um sich dort in seine beiden Anteile zu spalten. Der N. vestibulocochlearis versorgt über den N. cochlearis einerseits das Innenohr sensorisch (Hörnerv), andererseits vermittelt er dem Hirnstamm über den N. vestibularis die Impulse aus dem Vestibularorgan (Nerv für das Gleichgewichtsempfinden). Diese Impulse werden im Hirnstamm reflektorisch so verschaltet, dass uns mühelos der aufrechte Stand, Gang sowie die Anpassung von Augen- und Körperbewegungen gelingen.
Faserqualität: speziell-somatosensibel.

Merke!

Der N. vestibulocochlearis führt Fasern aus dem Innenohr.
- Die **vestibulären** Anteile dienen der **Gleichgewichtsorientierung und –wahrnehmung**.
- Die **cochleären** Anteile dienen dem **Hören**.

Übrigens ...

Es muss immer die Schädigung des N. cochlearis von der des N. vestibularis unterschieden werden. Eine Schädigung des N. cochlearis führt zu Taubheit des betroffenen Ohrs. Eine Schädigung des vestibulären Anteils führt dagegen zu Schwindel, Übelkeit, Fallneigung zur erkrankten Seite und einem pathologischen Nystagmus. Da der N. vestibulocochlearis im Kleinhirnbrückenwinkel aus dem Hirnstamm austritt, kann er dort relativ leicht durch einen Tumor komprimiert werden, häufig zusammen mit dem N. facialis. Da die Tumoren (häufig Akustikusneurinome) relativ langsam wachsen, fällt die Vestibularfunktion der betroffenen Seite nicht schlagartig aus, sondern kann durch die Information der Gegenseite kompensiert werden.

3.10 N. glossopharyngeus (Hirnnerv IX)

Der IX. Hirnnerv innerviert Zunge und Schlund. In seinem Verlauf tritt der N. glossopharyngeus zwischen VIII. und X. Hirnnerv unter der Brücke aus dem Hirnstamm aus, verlässt den Schädel – gemeinsam mit dem N. vagus sowie dem N. accessorius – durch das Foramen jugulare und bildet dort zwei Ganglien. Das Ganglion superius (oberes kleineres Ganglion) ist rein sensibel, das Ganglion inferius (unteres größeres Ganglion) enthält sensible und parasympathische Fasern. Im hinteren Drittel der Zunge verzweigt sich der Nerv, gibt zuvor jedoch noch Äste zur Parotis, zum Mittelohr (N. tympanicus), zum Pharynx und zum Sinus caroticus sowie zum Glomus caroticum ab.
Motorisch innerviert der N. glossopharyngeus die Schlundmuskulatur sowie den M. levator veli palatini. Parasympathisch innerviert er die Glandula parotis und die Schleimdrüsen des Rachens. Mittelohr, Tuba auditiva, Rachenschleimhaut und das hintere Zungendrittel werden somatosensibel innerviert. Über die viszerosensible Innervation des Sinus caroticus und des Glomus caroticum spielt der N. glossopharyngeus eine große Rolle bei der zentralen Atem- und Kreislaufregulation. Sensorisch werden schließlich noch die Papillae vallatae innerviert. Diese liegen im hinteren Drittel der Zunge und dienen der Wahrnehmung von Bitterstoffen.

Faserqualität: viszeromotorisch, parasympathisch, somatosensibel, viszerosensibel sensorisch.

Merke!

Der N. glossopharyngeus hat über die Innervation des Sinus caroticus und des Glomus caroticum Einfluss auf die zentrale Atem- und Kreislaufregulation.

Übrigens ...

Da der N. glossopharyngeus und der N. vagus gemeinsam aus dem Schädel austreten, werden sie häufig gemeinsam geschädigt. Dies geschieht z. B. durch Tumore. Der Ausfall des N. glossopharyngeus hat dann einen Sensibilitätsverlust des oberen Pharynx und des hinteren Zungendrittels („bitter“ wird nicht wahrgenommen) zur Folge. Außerdem kann das Gaumensegel nicht mehr richtig angehoben werden. Dies hat zur Folge, dass die Uvula zur gesunden Seite hin abweicht.

3.11 N. vagus (Hirnnerv X)

Mit seinem großen viszeromotorischen Anteil ist der N. vagus der größte parasympathische Nerv im Körper. Er innerviert viszeromotorisch Teile der Schlund- und die Kehlkopfmuskulatur. Für deren Sensibilität sowie die des äußeren Gehörgangs hat er einen sensiblen Anteil. Schließlich besitzt der N. vagus noch einen sensorisch-gustatorischen Anteil für die Epiglottis und viszerosensible Anteile für die Brust- und Baucheingeweide.

Der N. vagus verlässt gemeinsam mit dem N. glossopharyngeus und dem N. accessorius durch das Foramen jugulare die Schädelhöhle. Dort bildet er – wie der N. glossopharyngeus – ein kleineres Ganglion superius und ein größeres Ganglion inferius. Ein R. meningeus versorgt die Meningen der hinteren Schädelgrube. Der N. vagus zieht mit der A. carotis interna, später communis und der V. jugularis interna nach kaudal und gibt einen R. pharyngeus zur Innervation der Pharynxmuskulatur ab. Im weiteren Verlauf gibt der N. vagus einen N. recurrens ab, der links unter dem Aortenbogen, rechts unter der A. subclavia nach oben umbiegt und zum Kehlkopf zurückzieht. Motorisch innerviert der N. vagus die Kehlkopfmuskulatur und ermöglicht damit das Atmen und Sprechen. Sensibel versorgt er ebenfalls den Kehlkopf sowie einen Teil der Ohrmuschel und den äußeren Gehörgang (führt zu Hustenreiz bei Manipulation). Viszerosensibel versorgt er einen Großteil der Eingeweide (Lungen, Aortenbogen, Herz). Parasympathisch innerviert der N. vagus alle Organe vom Halsbereich abwärts bis zur linken Kolonflexur.

Faserqualität: viszeromotorisch, parasympathisch (allgemein-viszeromotorisch), somatosensibel, viszerosensibel, sensorisch.

Merke!

Der N. vagus innerviert sensibel das Herz und motorisch die Kehlkopfmuskulatur.

Übrigens ...

Die Schädigung des N. vagus verursacht Schluckbeschwerden, Gaumensegellähmung mit Uvulaabweichung zur gesunden Seite und eine näselnde Aussprache. Durch die einseitige Lähmung der Kehlkopfmuskulatur kommt es zur Heiserkeit als Leitsymptom der Vagusschädigung (N. laryngeus recurrens).

3.12 N. accessorius (Hirnnerv XI)

Der N. accessorius ist ein rein somatomotorischer, kranialisierter Hirnnerv. Das bedeutet, dass der größte Teil der Accessorius-Fasern im Bereich der Medulla oblongata zwischen Vorder- und Hinterhorn entspringt (Radix spinalis) und der Nerv KEIN Hirnnerv im eigentlichen

Sinne ist. Er zieht gemeinsam mit dem N. glossopharyngeus und dem N. vagus durch das Foramen jugulare und läuft im lateralen Halsdreieck nach kaudal. Dabei schließt sich seine Radix cranialis dem N. vagus an. Seine Funktion ist die motorische Innervation des M. sternocleidomastoideus und des M. trapezius.
Faserqualität: rein somatomotorisch.

Merke!

Der N. accessorius ist **kein echter Hirnnerv**, sondern ein **kranialisierter Hirnnerv**.

Übrigens ...
Die Schädigung des N. accessorius kann z. B. bei Operationen im lateralen Halsdreieck erfolgen (Lymphknotenentfernung). Es kommt zur Schiefhaltung des Kopfes nach kontralateral mit Wendung des Gesichts nach ipsilateral. Weiterhin findet sich bei den Patienten eine Schwäche beim Heben des Arms über die Horizontale sowie eine Scapula alata.

3.13 N. hypoglossus (Hirnnerv XII)

Der N. hypoglossus ist der einzige Hirnnerv, der vor der Olive aus der Medulla oblongata entspringt. Er zieht zwischen A. carotis interna und V. jugularis interna zum Zungengrund, wo er lateral des M. hyoglossus eintritt. Er ist der einzige Nerv, der motorisch die Zunge versorgt.
Faserqualität: rein somatomotorisch.

Übrigens ...
Nach einer Schädigung des N. hypoglossus weicht die Zunge beim Herausstrecken zur erkrankten Seite hin ab. Die Sprache ist dann meist verwaschen und das Schlucken erschwert.

3.14 Parasympathische Kopfganglien

Es gibt vier parasympathische Kopfganglien:
- Ganglion ciliare,
- Ganglion pterygopalatinum,
- Ganglion submandibulare und
- Ganglion oticum.

Die parasympathischen Ganglien liegen immer nah am Erfolgsorgan und verschalten die parasympathischen Fasern. Im Gegensatz dazu liegen die sympathischen Ganglien immer vom Erfolgsorgan entfernt.
Der grundsätzliche Bauplan der vegetativen Kopfganglien sieht folgendermaßen aus:

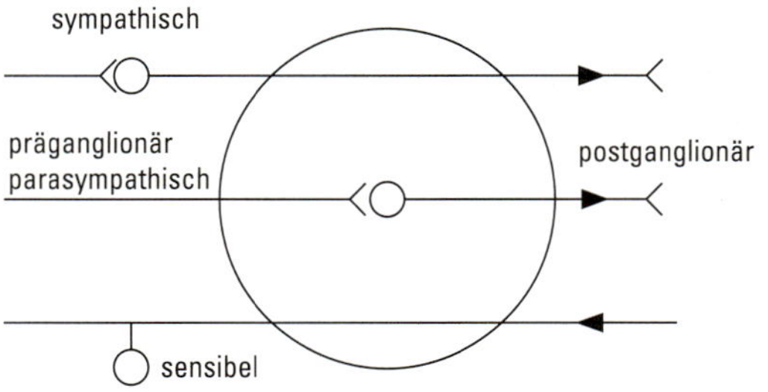

Abb. 9: Aufbau der vegetativen Kopfganglien
medi-learn.de/6-ana2-9

Jedes der vier Kopfganglien besitzt drei Nervenwurzeln unterschiedlicher Qualität. Die **parasympathischen präganglionären Fasern** werden im Ganglion auf das zweite Neuron umgeschaltet und ziehen als postganglionäre Fasern zum Erfolgsorgan. Die **sympathischen** und **sensiblen Anteile** ziehen durch das Ganglion hindurch, werden dort jedoch NICHT umgeschaltet.

Merke!

Zu jedem parasympathischen Kopfganglion gehören **sympathische, parasympathische und sensible Fasern**. Es werden jedoch NUR die **parasympathischen Fasern im Ganglion verschaltet**.

3.14.1 Ganglion ciliare

Das Ganglion ciliare liegt in der Orbita, lateral des N. opticus.

Seine **parasympathischen Fasern** stammen aus dem Ncl. Edinger-Westphal (Ncl. oculomotorius accessorius) und gelangen mit dem N. oculomotorius zum Ganglion ciliare. Dort werden sie verschaltet und ziehen danach zu den glatten inneren Augenmuskeln (M. sphincter pupillae und M. ciliaris).

Die **sympathischen Fasern** ziehen aus dem Ganglion cervicale superius ohne Umschaltung durch das Ganglion ciliare und innervieren den M. dilatator pupillae.

Die **sensiblen Fasern** aus dem N. nasociliaris des N. trigeminus ziehen ebenfalls unverschaltet durch das Ganglion hindurch und innervieren die Hornhaut des Auges.

Übrigens ...
Wird das Ganglion ciliare geschädigt, erlischt der Kornealreflex und die Pupille kann nicht mehr auf Lichtreize reagieren.

3.14.2 Ganglion pterygopalatinum

Das Ganglion pterygopalatinum liegt in der Fossa pterygopalatina. Dort werden die sekretorischen Fasern zur Tränendrüse auf das zweite Neuron umgeschaltet.

Die **parasympathischen Fasern** erhält es über den N. petrosus major aus dem Intermediusanteil des N. facialis. Die postganglionären Fasern ziehen mit dem N. zygomaticus aus dem N. maxillaris zur Orbita und von dort zur Tränendrüse, die sie sekretorisch innervieren.

Die **sympathischen Fasern** kommen aus dem Plexus caroticus.

Die **sensiblen Fasern** stammen aus den Rr. ganglionares des N. maxillaris. Sie innervieren den Gaumen sowie die Nasennebenhöhlen sensibel.

3.14.3 Ganglion submandibulare

Das Ganglion submandibulare liegt oberhalb der Glandula submandibularis. Es innerviert die Glandulae submandibularis und sublingualis sowie einige akzessorische Zungendrüsen. Die **parasympathischen Anteile** stammen aus der Chorda tympani des N. facialis und versorgen außer der Glandula parotis ALLE Speicheldrüsen. Die **sympathischen Anteile** stammen aus dem Plexus caroticus und die **sensiblen Fasern** entstammen dem N. lingualis.

3.14.4 Ganglion oticum

Das Ganglion oticum liegt in der Fossa infratemporalis, medial des Austritts des N. mandibularis. Dort werden die parasympathischen Fasern für die Glandula parotis verschaltet.

Die **parasympathischen Fasern** verlaufen über den N. petrosus minor aus dem N. glossopharyngeus zum Ganglion, werden dort verschaltet und ziehen dann mit dem N. auriculotemporalis aus V3 zur Glandula parotis.

Die **sympathischen Fasern** entstammen dem Plexus caroticus und gelangen über die A. meningea media zum Ganglion.

Die **sensiblen Fasern** werden hier von motorischen Fasern begleitet und entstammen dem N. mandibularis. Die **motorischen Fasern** innervieren den M. tensor veli palatini sowie den M. tensor tympani.

DAS BRINGT PUNKTE

Es lohnt sich, das Kapitel 3.1, S. 15 genau durchzuarbeiten. Viele der hierzu gestellten Fragen galten der **Makroskopie**. Du solltest dir daher unbedingt merken, welcher Nerv welches Foramen als Schädeldurchtrittsstelle nutzt.

Häufig wurde auch das Thema **Augenmuskeln**, deren Innervation und Funktion gefragt. Daher hier noch mal eine kurze Zusammenfassung:

Muskel	Funktion	Innervation
M. rectus superior	hebt den Blick	N. oculomotorius (III)
M. rectus inferior	senkt den Blick	N. oculomotorius (III)
M. rectus medialis	Blick nach medial	N. oculomotorius (III)
M. obliquus inferior	hebt den Blick	N. oculomotorius (III)
M. rectus lateralis	Blick nach lateral	N. abducens (VI)
M. obliquus superior	senkt den Blick	N. trochlearis (IV)

Tab. 5: Funktion und Innervation der Augenmuskeln

Des Weiteren solltest du den **N. trigeminus** mit seinen Aufteilungen kennen und wissen, dass im Ganglion trigeminale NUR Nervenzellkörper liegen.
Außerdem wurde gern nach dem Verlauf und dem Innervationsgebiet des **N. facialis** einschließlich der Chorda tympani gefragt. Hier solltest du wissen, dass die Chorda tympani alle Speicheldrüsen mit Ausnahme der Glandula parotis parasympathisch innerviert. Daneben spielt das Ganglion geniculi bei der Übertragung von Geschmacksinformationen eine wichtige Rolle.

Auch **klinische Fragen** wurden häufig gestellt. Merke dir daher bitte, dass
- eine Schädigung der Radix motoria des N. trigeminus KEINEN Ausfall des M. buccinator zur Folge hat, da dieser durch den N. facialis innerviert wird,
- durch das Foramen rotundum der zweite Ast des N. trigeminus (N. maxillaris) zieht und dass dieser KEINE motorischen Fasern besitzt,
- bei Schädigung des N. accessorius der M. trapezius gelähmt ist. Deshalb kann der Arm nicht mehr über die Horizontale gehoben werden,
- der N. intermediofacialis sensorisch über die Chorda tympani die vorderen zwei Drittel der Zunge versorgt,
- nach Durchtrennung des N. oculomotorius Paresen im M. rectus medialis, M. rectus inferior, M. rectus superior sowie M. obliquus inferior zu finden sind. Der M. obliquus superior wird durch den N. trochlearis, der M. rectus lateralis durch den N. abducens innerviert,
- bei der peripheren Fazialisparese Stirnrunzeln, Lidschluss und Mundbewegungen auf der betroffenen Seite fehlen,
- bei der zentralen Fazialisparese lediglich die mimische Muskulatur unterhalb des Auges nicht mehr bewegt werden kann, da der Teil oberhalb des Auges von kontralateral mitversorgt wird und
- bei einer Schädigung des N. hypoglossus die Zunge beim Herausstrecken zur erkrankten Seite abweicht.

Ein weiterer Physikumsliebling sind die Fragen nach der **sekretorischen Innervation der Speicheldrüsen** und nach den **parasympathischen Kopfganglien**.

DAS BRINGT PUNKTE

Auch wenn der N. phrenicus nicht zum ZNS gehört, hier der Hinweis, dass dieser Nerv im Zervikalmark auf Höhe C4 aus dem Vorderhorn entspringt und das Zwerchfell motorisch innerviert.

Für die vier Kopfganglien gilt: Jedes Ganglion weist drei zuführende Äste auf. Es werden NUR die parasympathischen Fasern umgeschaltet; die sympathischen und sensiblen Fasern werden NICHT verschaltet.

Ganglion	parasympathisch	sympathisch	sensibel
Ggl. ciliare	aus Ncl. Edinger-Westphal über den N. oculomotorius	aus dem Ggl. cervicale superius	aus dem N. nasociliaris des N. trigeminus
Ggl. pterygopalatinum	über den N. petrosus major aus dem N. facialis	aus dem Plexus caroticus	aus den Rr. ganglionares des N. maxillaris
Ggl. submandibulare	aus der Chorda tympani des N. facialis	aus dem Plexus caroticus	aus dem N. lingualis
Ggl. oticum	aus dem N. petrosus minor aus dem N. glossopharyngeus	aus dem Plexus caroticus	aus dem N. mandibularis (werden von motorischen Fasern begleitet)

Tab. 6: Die parasympathischen Kopfganglien mit ihren durchziehenden Fasern

FÜRS MÜNDLICHE

In der Vergangenheit wurden zum Thema „Hirnnerven" gerne folgende Fragen gestellt:

1. **Erklären Sie bitte, durch welches Foramen der N. maxillaris, mandibularis, glossopharyngeus, vagus, accessorius, hypoglossus den Schädel verlässt.**
2. **Bitte nennen Sie, welchen Muskel der N. abducens versorgt.**
3. **Bitte nennen Sie, welchen Muskel der N. trochlearis versorgt.**
4. **Erläutern Sie bitte, was im Ganglion trigeminale/geniculi umgeschaltet wird.**
5. **Bitte erläutern Sie, was in den Kopfganglien umgeschaltet wird.**

---

1. Erklären Sie bitte, durch welches Foramen ler N. maxillaris, mandibularis, glossopha-yngeus, vagus, accessorius, hypoglossus en Schädel verlässt.

Foramen rotundum, ovale, jugulare, jugulare, jugulare, Canalis hypoglossi.

2. Bitte nennen Sie, welchen Muskel der N. abducens versorgt.

M. rectus lateralis.

FÜRS MÜNDLICHE

3. Bitte nennen Sie, welchen Muskel der N. trochlearis versorgt.
M. obliquus superior.

4. Erläutern Sie bitte, was im Ganglion trigeminale/geniculi umgeschaltet wird.
Nichts! Dort liegen nur Nervenzellkörper der pseudounipolaren Nervenzellen.

5. Bitte erläutern Sie, was in den Kopfganglien umgeschaltet wird.
Immer nur der Parasympathikus.

Mehr Cartoons unter www.medi-learn.de/cartoons

Pause

Ein paar Seiten hast du schon geschafft!
Päuschen und weiter geht's!

4 Rückenmark

Fragen in den letzten 10 Examen: 8

Das Rückenmark enthält Nervenzellen und Nervenfasern. Es ist afferent und efferent mit dem Gehirn verbunden. Im Rückenmark liegen auch die Motoneurone, die die Muskeln motorisch innervieren und damit Bewegungen ermöglichen.

4.1 Makroskopie

Die Medulla spinalis (Rückenmark) ist ca. 45 cm lang, liegt im Wirbelkanal und ist von Hirnhäuten und Liquor umgeben. Sie reicht beim Erwachsenen bis zum ersten Lendenwirbelkörper und endet im Conus medullaris.

Merke!

Beim Säugling reicht das Rückenmark noch bis zum dritten Lendenwirbelkörper (LWK), beim Erwachsenen nur bis zum ersten LWK. Dies resultiert aus dem – im Vergleich zum Rückenmark – schnelleren Wachstum der Wirbelsäule.

Das Rückenmark ist am Schädel im Bereich des Foramen magnum und am Os sacrum über das **Filum terminale** fixiert und macht alle Bewegungen mit.

Übrigens ...
Das Filum terminale wird in der mündlichen Prüfung leicht mit einem Nerv verwechselt! Du vermeidest diesen Fehler, wenn du den Conus medullaris aufsuchst und den daraus entspringenden Fortsatz als Filum terminale (Gliagewebe) zeigst.

Schaut man sich das Rückenmark in seiner gesamten Länge an, findet man zwei Verdickungen:

- **Intumescencia** (Anschwellung) cervicalis und
- **Intumescencia lumbosacralis**.

Diese Verdickungen liegen im Bereich der Segmente, die den Plexus cervicalis/brachialis und lumbosacralis bilden. Die Anschwellung kommt durch die große Anzahl motorischer Neurone zustande.
Im folgenden Querschnitt sind schematisch alle wesentlichen makroskopischen Details dargestellt (s. Abb. 10, S. 31).

Merke!

Die **F**issura mediana anterior liegt **v**orn.

Das Rückenmark kann in Segmente (Abschnitte) eingeteilt werden. Dabei gibt es ebenso viele Rückenmarkssegmente wie Wirbelkörper, mit einer Ausnahme: Der Mensch hat sieben Halswirbelkörper, aber acht zervikale Spinalnervenpaare. Dies hat entwicklungsgeschichtliche Ursachen, denn die Okziputkondylen waren ursprünglich ein eigener Wirbel und sind sekundär mit dem Okziput verwachsen. Deshalb ziehen die Spinalnerven im Zervikalmark (C1–C8) **oberhalb des Wirbelkörpers** entlang. Im Thorakalmark ziehen die 12 Spinalnervenpaare dagegen **unterhalb des Wirbelkörpers** entlang, ebenso wie im Lumbalmark (L1–L5), Sakralmark (S1–S5) und Kokzygealmark.

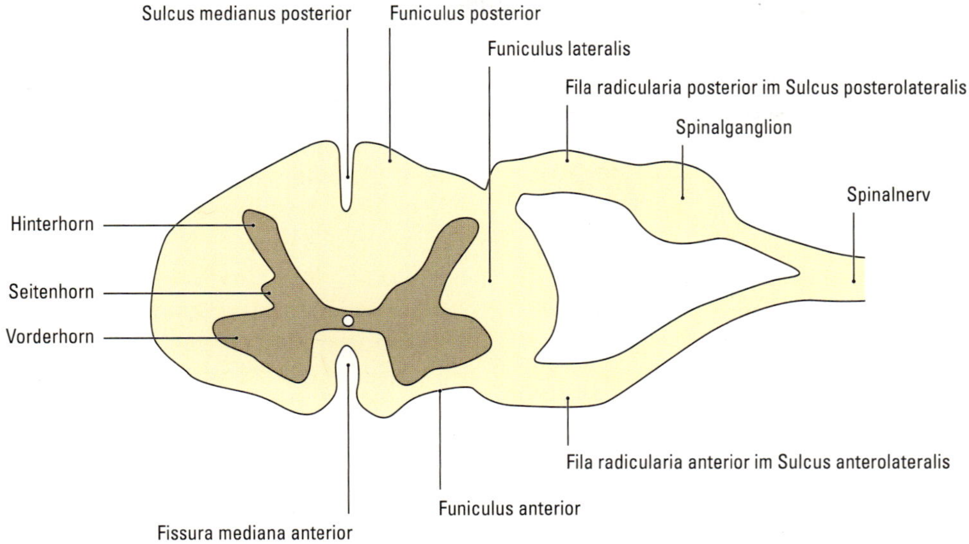

Abb. 10: Rückenmark im Querschnitt *medi-learn.de/6-ana2-10*

Merke!

Im Zervikalmark gibt es acht Spinalnervenpaare. Diese ziehen oberhalb des entsprechenden Wirbelkörpers entlang. Im Thorakal-, Lumbal- und Sakralmark gibt es genau so viele Spinalnervenpaare wie Wirbel. Die Spinalnerven ziehen unterhalb des entsprechenden Wirbelkörpers entlang.

Wie bereits beschrieben, reicht das Rückenmark beim Erwachsenen bis zum ersten Lendenwirbelkörper. D. h., dass z. B. das Rückenmarksegment L1 noch im Bereich der Brustwirbelsäule liegt. Dementsprechend verlaufen die Nervenwurzeln nach ihrem Austritt aus dem Rückenmark noch ein Stück im Wirbelkanal nach unten, bevor sie in ihrem zugehörigen Foramen intervertebrale austreten. Ab LWK 1 laufen im Wirbelkanal nur noch Nervenfasern zu ihren Intervertebrallöchern. Diese Fasern werden als **Cauda equina** (Pferdeschwanz) bezeichnet.

Übrigens ...

Sehr häufig hört man von Bandscheibenvorfällen und damit verbundenen Schmerzen/Ausfallerscheinungen. Die Bandscheiben (Zwischenwirbelscheiben) liegen zwischen den Wirbelkörpern und sind nach ventral und dorsal durch ein straffes Längsband gegen Herausrutschen weitgehend gesichert. Bei chronischer Fehlbelastung der Wirbelsäule mit Bandscheibendegeneration kann der Anulus fibrosus der Bandscheibe reißen und der Nucleus pulposus wird meist nach lateral herausgequetscht. Dies wird als Bandscheibenvorfall/Diskusprolaps bezeichnet. Makroskopisch tritt die Nervenwurzel (z. B. L4) im oberen Drittel von LWK 4 aus dem Durasack aus und zieht dann schräg nach kaudal ventral, um im Foramen intervertebrale auszutreten. Die Nervenwurzel L5 liegt dorsolateral der Bandscheibe L4/5. Dies hat bei einem Diskusprolaps von L4/5 eine Kompression der Nervenwurzel L5 zur Folge. Klinisch äußert sich dies in segmentartigen

Sensibilitätsstörungen von der proximalen Unterschenkelaußenseite schräg über die Schienbeinvorderkante bis zum Großzehenrücken. Außerdem kommt es zur Schwächung der Dorsalextension der Großzehe. Danach wird häufig im Mündlichen gefragt.

4.2 Rückenmarkshäute

Das Rückenmark ist – ebenso wie das Gehirn – von einer harten und einer weichen Hirnhaut umgeben.

Die weiche Hirnhaut besteht aus zwei Anteilen:

- Die **Pia mater** liegt dem Rückenmark direkt an und zieht auch in die Furchen hinein.
- Die **Arachnoidea mater** (Spinnengewebshaut) liegt der harten Hirnhaut von innen an und hüllt das Rückenmark samt Pia mater ein, ohne bis in die Furchen zu ziehen.

Die **Dura mater** (harte Hirnhaut) besteht aus straffem Bindegewebe und hüllt die beiden anderen Häute von außen ein.

4.3 Räume im und um das Rückenmark

Der Raum zwischen dem Periost der Wirbelkörper und der Dura mater heißt **Epiduralraum** oder **Periduralraum**. Er ist mit Fettgewebe und einem darin eingebettetetenVenenplexus ausgefüllt. Die Spinalnerven durchziehen diesen Raum auf dem Weg zum Foramen intervertebrale. Dura mater und Arachnoidea sind miteinander verwachsen. Zwischen Arachnoidea und Pia mater befindet sich der **Subarachnoidalraum**. Dies ist der äußere Liquorraum des Rückenmarks, der folglich mit Liquor gefüllt ist. Er reicht bis SWK 2.

Merke!

Im Gegensatz zum Gehirn existiert im Rückenmark ein **Epi- oder Periduralraum**.

Übrigens ...

- Bei einer **Lumbalpunktion** gewinnt man Liquor, indem man zwischen LWK 3 und LWK 4 den Subarachnoidalraum punktiert.
- Eine **Peridural- (Epidural-)anästhesie** wird zur **selektiven Blockade** einzelner Spinalnerven eingesetzt. Dabei sticht man zwischen zwei Wirbelbögen ein und spritzt sich den Periduralraum mit NaCl-Lösung weit, da dieser mit 1–2 mm ziemlich eng ist. Hat man den Periduralraum punktiert, „fällt" man mit der Kanüle regelrecht in das dort vorhandene Fettgewebe hinein und kann das Lokalanästhetikum applizieren. Da dieses im Fettgewebe schlecht diffundiert, bleibt die anästhetische Wirkung auf wenige Segmente beschränkt.
- Im Gegensatz dazu betäubt man bei der **Spinalanästhesie** alle Wurzeln kaudal der Injektionsstelle gleichzeitig. Das Vorgehen ähnelt dem der Lumbalpunktion, nur injiziert man nach erfolgreicher Punktion ein Lokalanästhetikum, das sich im Liquor verteilt und die Betäubung der Nervenfasern zur Folge hat.

4.4 Graue und weiße Substanz

Im ZNS kann man graue und weiße Substanz schon makroskopisch unterscheiden:

- graue Substanz = Perikaryen und
- weiße Substanz = Fortsätze und Gliagewebe.

Merke!

- Im Gehirn liegt die graue Substanz außen (Rinde) und die weiße Substanz innen.
- Im Rückenmark liegt die graue Substanz innen und die weiße Substanz außen.

Lass dich also bitte nicht von den gefärbten Rückenmarkspräparaten täuschen.

Die graue Substanz im Rückenmark weist eine typische Schmetterlingskonfiguration auf. Dabei zeigt der breitere Teil als **Cornu anterius** nach vorn. Er wird als Vorderhorn bezeichnet und enthält motorische Neurone. Im schmaleren **Cornu posterius** (Hinterhorn) werden sensible Neurone aus dem Spinalganglion umgeschaltet.

Merke!

ventral = motorisch
dorsal = sensibel

Wie Abb. 10, S. 31 darstellt, vereinigen sich die Vorderwurzeln und die Hinterwurzeln zum Spinalnerv. Zwischen Vorder- und Hinterhorn befindet sich das **Cornu laterale** (Seitenhorn), das nur im Thorakal- und Lumbalmark vorkommt und die Neurone des vegetativen Nervensystems enthält.
Bisher haben wir nur vom Querschnitt, also zwei Dimensionen gesprochen. Da das Rückenmark aber ein dreidimensionales Gebilde ist, setzen sich die Vorder- und Hinterhörner über die gesamte Länge des Rückenmarks fort. Man spricht daher von **Säulen** (Vorder- und Hintersäulen). Die **Commissura grisea** verbindet die beiden Schmetterlingshälften der grauen Substanz miteinander. Darin befindet sich der **Canalis centralis**. Er steht mit dem inneren Liquorraum des Gehirns in Verbindung, ist jedoch häufig obliteriert.
Histologisch wird die graue Substanz in Laminae (unterschiedliche Zellschichten) eingeteilt. Diese werden von dorsal nach ventral von I–X nummeriert. Parallel dazu können auch Nervenkerne in der grauen Substanz abgegrenzt werden. Diese können v. a. im Bereich des Hinterhorns den Laminae zugeordnet werden.
Die **weiße Substanz** liegt um die graue Substanz herum und enthält nur **Fortsätze**. Sie wird gegliedert in die **Funiculi** (Stränge): Vorder-, Seiten- und Hinterstrang.

Merke!

Hörner und Säulen = graue Substanz
Strang = weiße Substanz
Vorderhorn/Vordersäule:
- graue Substanz motorisch

Hinterhorn/Hintersäule:
- graue Substanz sensibel

Seitenhorn:
- graue Substanz vegetatives Nervensystem

Vorderstrang/Seitenstrang:
- weiße Substanz **sensible und motorische Bahnen!**

Da z. T. auch Bahnen auf Rückenmarksebene kreuzen, müssen Verbindungen zwischen der weißen Substanz der rechten und linken Rü-

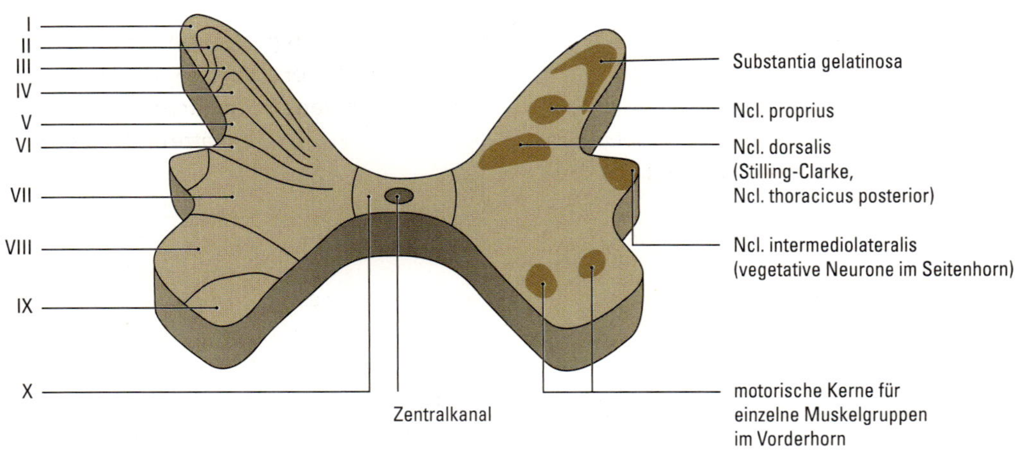

Abb. 11: Gliederung der grauen Substanz

medi-learn.de/6-ana2-11

ckenmarkshälfte vorhanden sein. Diese existieren auch und zwar in Form der **Commissura alba anterior et posterior**, die vor oder hinter der Commissura grisea liegen.

4.4.1 Hinterhorn

Im Hinterhorn endet ein Teil der sensiblen Fasern. Dort wird die sensible Information vom ersten Neuron (Perikaryon im Spinalganglion) auf das zweite Neuron umgeschaltet.

Merke!

Die sensible Information läuft über **mindestens drei Neurone** zum Großhirn: Das Perikaryon des ersten Neurons liegt im Spinalganglion, das zweite Perikaryon liegt im Rückenmark und das dritte Perikaryon im Thalamus.

Ncl. dorsalis (Stilling-Clarke)

Dieses Kerngebiet wird auch als Ncl. thoracicus posterior bezeichnet. Es nimmt die Lamina V–VI ein und existiert nur im Thorakolumbalmark. Der Ncl. dorsalis empfängt propriozeptive Impulse aus der Peripherie (Tiefensensibilität). Diese geben Aufschluss über Lage und Stellung des Körpers sowie der Extremitäten und werden im **Tractus spinocerebellaris posterior** zum Kleinhirn weitergeleitet.

Ncl. proprius

Dieser Kern liegt im gesamten Rückenmark in der Mitte des Hinterhorns. Wie der Ncl. dorsalis leitet er propriozeptive Afferenzen.

Propriozeption = Tiefensensibilität

Darunter versteht man sensible Impulse aus den Muskelspindeln, Gelenk- und Sehnenrezeptoren, die Informationen über die Lage und Stellung des Körpers weiterleiten.

Substantia gelatinosa

Dieser Kernkomplex entspricht den Lamina II und III und liegt damit ganz dorsal im Hinterhorn. Er erhält proprio- und exterozeptive **Schmerzafferenzen**. Diese werden hier auf das zweite Neuron umgeschaltet und gelangen über den **Tractus spinothalamicus** zum Thalamus.

4.4.2 Seitenhorn

Das Seitenhorn wird auch **Ncl.** oder **Columna intermediolateralis** genannt. Es existiert im Thorakal-, Lumbal- und Sakralmark, jedoch NICHT im Zervikalmark. Makroskopisch gut sichtbar ist es jedoch nur im Thorakalmark. Vom Segment C8 bis L2/L3 befinden sich im Seitenhorn die ersten Neurone der **sympathischen efferenten Bahn**. Die Umschaltung auf das zweite Neuron erfolgt in den Grenzstrangganglien. Im Sakralmark liegen die ersten Neurone der **parasympathischen efferenten Bahn**. Die Umschaltung auf das zweite Neuron erfolgt nah am Erfolgsorgan.

Merke!

Der Sympathikus hat seine Neurone **thorakolumbal**, der Parasympathikus **kraniosakral**.

4.4.3 Vorderhorn

Die im Vorderhorn liegenden Neurone versorgen motorisch (efferent) die Skelettmuskulatur. Sie liegen im Bereich der Lamina VIII–IX. An Zellen finden sich dort α-, β- und γ-Motoneurone. γ-Motoneurone innervieren die Muskelfasern in den Muskelspindeln, die für die Feinabstimmung der Bewegung mitverantwortlich sind. Als Neurotransmitter der Motoneurone fungiert Acetylcholin.

Übrigens ...
Bei der Kinderlähmung (Poliomyelitis) kommt es zu einer schlaffen Lähmung der vom betroffenen Rückenmarksegment versorgten Muskeln bei erhaltener Sensibilität.

4.5 Reflexe

Ein Reflex ist eine unwillkürliche, immer gleich verlaufende Antwort eines Organs auf einen Reiz. Neben dem **Muskeleigenreflex** und dem **Fremdreflex** gibt es noch andere Arten, auf die hier aber nicht näher eingegangen wird.

Merke!

- Bei einem Eigenreflex erfolgen Reiz und Antwort in einem Organ.
- Bei einem Fremdreflex erfolgen Reiz und Antwort in unterschiedlichen Organen. Sie sind stets polysynaptisch.

4.5.1 Muskeleigenreflex

Beim Patellarsehnenreflex z. B. dehnt man durch Schlag auf die Patellarsehne den M. quadriceps femoris und erregt die darin befindlichen Muskelspindeln. Die Afferenzen der Muskelspindeln ziehen durch das Hinterhorn hindurch, um direkt am α-Motoneuron des gedehnten Muskels zu enden. Das α-Motoneuron wird erregt und der gedehnte Muskel kontrahiert sich. In unserem Beispiel kommt es zur Streckung im Kniegelenk. Bei diesem Reflex ist nur eine Synapse zwischengeschaltet. Man spricht deshalb von einem **monosynaptischen Reflex**.

Im Schriftlichen wurde vermehrt nach den Segmentzuordnungen einzelner Muskeln und Reflexe gefragt. Dies sind die meistgefragten:

Reflex/ innverviertes Organ	Segment
Achillessehnenreflex	S1 – S2
Bizepssehnenreflex	C5 – C6
Patellarsehnenreflex	L3 – L4
Motoneurone zur Innervation der Mm. interossei	C8 – Th1
Plexus brachialis	C5 – Th1 (ventrale Äste)

Der Patellarsehnenreflex kann nur bei intakten Radices posteriores des N. femoralis ausgelöst werden.

4.5.2 Renshaw-Hemmung

In unserem Beispiel wurden als Reflexantwort die Strecker innerviert. Zur Beendigung des Reflexes tragen die **Renshaw-Zellen** bei. Dies sind Interneurone, die hemmend auf dasjenige Alpha-Neuron projizieren, das die Renshaw-Zellen über eine Kollaterale aktiviert hat.

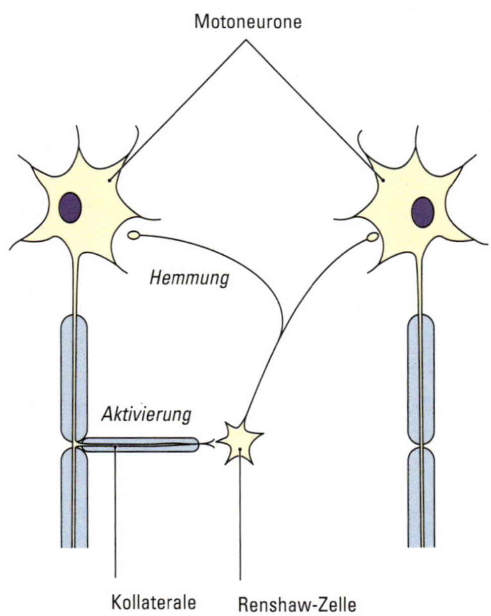

Abb. 12: Renshaw-Zellen *medi-learn.de/6-ana2-12*

4.5.3 Fremdreflex

Als Beispiel soll hier das Treten in eine Glasscherbe dienen. Dabei registriert die Haut den Schmerzreiz und das Bein wird reflektorisch im Knie gebeugt (der Fuß zurückgezogen). Das andere Knie wird gestreckt, um das Gleichgewicht zu halten. Die Afferenz aus der Haut des Fußes zieht in das Hinterhorn und wird dort auf zwei Zwischenneurone umgeschaltet. Das erste erregt das **ipsilaterale** Motoneuron, das die Kniebeuger innerviert, das zweite Interneuron erregt das **kontralateral** gelegene Motoneuron zur Innervation der Kniestrecker im anderen Bein.

4.6 Bahnen

Die auf- und absteigenden Bahnen des Rückenmarks verlaufen in der weißen Substanz im Vorder-, Seiten- und Hinterstrang.

Merke!

- Die meisten absteigenden Bahnen enden im Vorderhorn und werden deshalb auch als motorische Bahnen bezeichnet.
- Die meisten aufsteigenden Bahnen nehmen ihren Ursprung im Hinterhorn und werden als sensible Bahnen bezeichnet.

Die linke Körperhälfte ist sowohl sensibel als auch motorisch überwiegend in der rechten Großhirnhemisphäre repräsentiert und umgekehrt. Das bedeutet, dass fast alle Bahnen irgendwann zur Gegenseite kreuzen.

4.6.1 Sensible (aufsteigende) Bahnen

Merke!

Die Bahnen werden in aller Regel nach Ursprungs- und Zielort benannt. Daher zieht z. B. der Tractus spinothalamicus vom Rückenmark zum Thalamus.

Tractus spinothalamicus

Diese Bahn wird auch als Vorderseitenstrang bezeichnet und setzt sich aus zwei Teilen, dem Tractus spinothalamicus lateralis et anterior, zusammen. Im Vorderseitenstrang werden grobe Druck-, Tast-, Temperatur- und Schmerzempfindungen geleitet. Diese fasst man auch als **protopathische Sensibilität** zusammen. Die Schmerzafferenzen werden in der Substantia gelatinosa auf das zweite Neuron umgeschaltet, nachdem sie direkt nach ihrem Eintritt ins Rückenmark ein bis zwei Segmente aufgestiegen sind. Zusammen mit den anderen Faserqualitäten **kreuzen** sie in der **Commissura alba** auf die Gegenseite und ziehen zum Thalamus. Von dort projizieren sie in die Großhirnrinde.

Übrigens ...
Unter dissoziierter Empfindungsstörung versteht man einen isolierten Ausfall der protopathischen Sensibilität.

Hinterstrangbahnen

Der Hinterstrang wird durch zwei Bahnen gebildet. Der **Fasciculus gracilis** führt die Impulse der unteren Extremität und liegt im Rückenmark ganz medial. Der **Fasciculus cuneatus** existiert erst ab dem Thorakalmark und führt dementsprechend die Impulse der oberen Extremität. Er liegt lateral des Fasciculus gracilis. Daraus ergibt sich eine somatotope Gliederung.

Die Hinterstrangbahnen werden auf Rückenmarksebene **NICHT verschaltet**, sondern ziehen **ungekreuzt** zur Medulla oblongata. Dort werden sie im Ncl. gracilis et cuneatus auf das zweite Neuron umgeschaltet. Danach kreuzen sie und ziehen als Lemniscus medialis zu den lateralen Thalamuskernen der Gegenseite.

Die Hinterstrangbahnen leiten **propriozeptive** (Information aus den Muskel-, Sehnen- und Gelenkrezeptoren über Lage und Stellung der

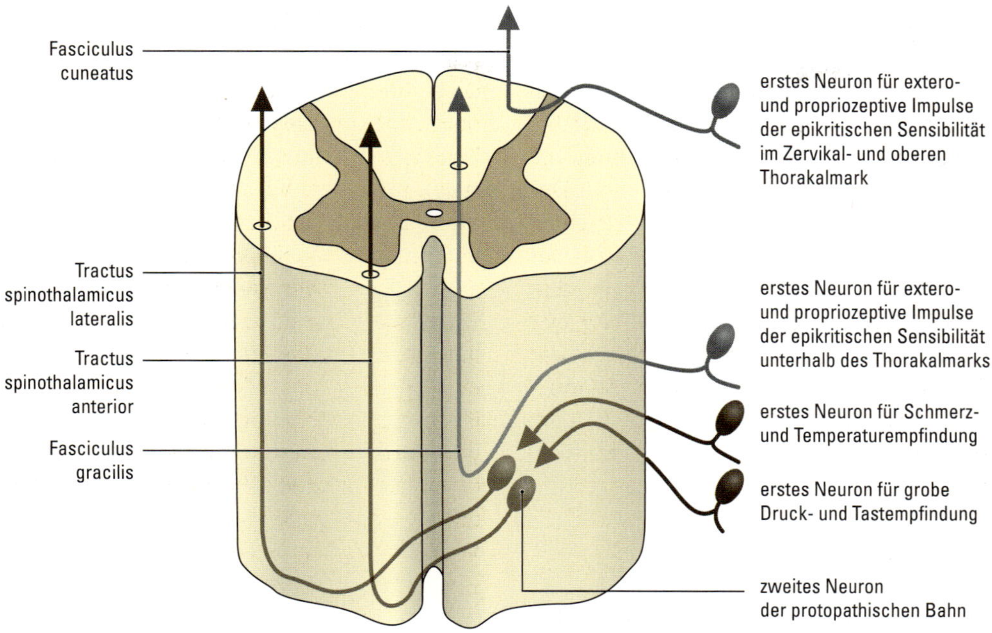

Abb. 13: Vorderseiten- und Hinterstrangbahn *medi-learn.de/6-ana2-13*

Extremitäten) und **exterozeptive** (Information über Lokalisation und Qualität einer Berührung) Impulse der **epikritischen Sensibilität**.

Merke!

Da die Hinterstränge ungekreuzt verlaufen, kommt es bei einer Schädigung zu Ausfällen auf der ipsilateralen Seite.

Kleinhirnseitenstrangbahnen

Die Kleinhirnseitenstrangbahnen bestehen ebenfalls aus zwei Bahnen:

- **Tractus spinocerebellaris posterior und**
- **Tractus spinocerebellaris anterior.**

Der Tractus spinocerebellaris posterior entspringt im Ncl. dorsalis (Stilling-Clarke, s. Abb. 11, S. 33) und leitet propriozeptive Informationen im **gleichseitigen** Seitenstrang zum Kleinhirn. Der Tractus spinocerebellaris anterior entspringt an der Basis des Hinterhorns (Lamina V–VIII) und leitet ebenfalls propriozeptive Informationen zum Kleinhirn. Allerdings verläuft der Tractus spinocerebellaris anterior **gleichseitig und gekreuzt** im ventrolateralen Seitenstrang. Die auf Rückenmarksebene gekreuzten Anteile kreuzen beim Eintritt ins Kleinhirn wieder nach ipsilateral zurück.
Das Kleinhirn erhält über den Tractus spinocerebellaris posterior et anterior nur Afferenzen aus dem ipsilateralen Rückenmark. Mithilfe dieser Informationen reguliert das Kleinhirn die Feinmotorik.

4.6.2 Motorische (absteigende) Bahnen

Im Prinzip gibt es zwei wichtige motorische Bahnsysteme. Zum einen die **Pyramidenbahn**, die den Hauptteil der absteigenden Bahnen ausmacht und zum anderen die **extrapyramidalen Bahnen**.

Pyramidenbahn (Tractus corticospinalis)

Die Pyramidenbahn nimmt ihren Ursprung im Motokortex, zieht durch den Hirnstamm und bildet in der Medulla oblongata die medial liegende **Pyramide**.

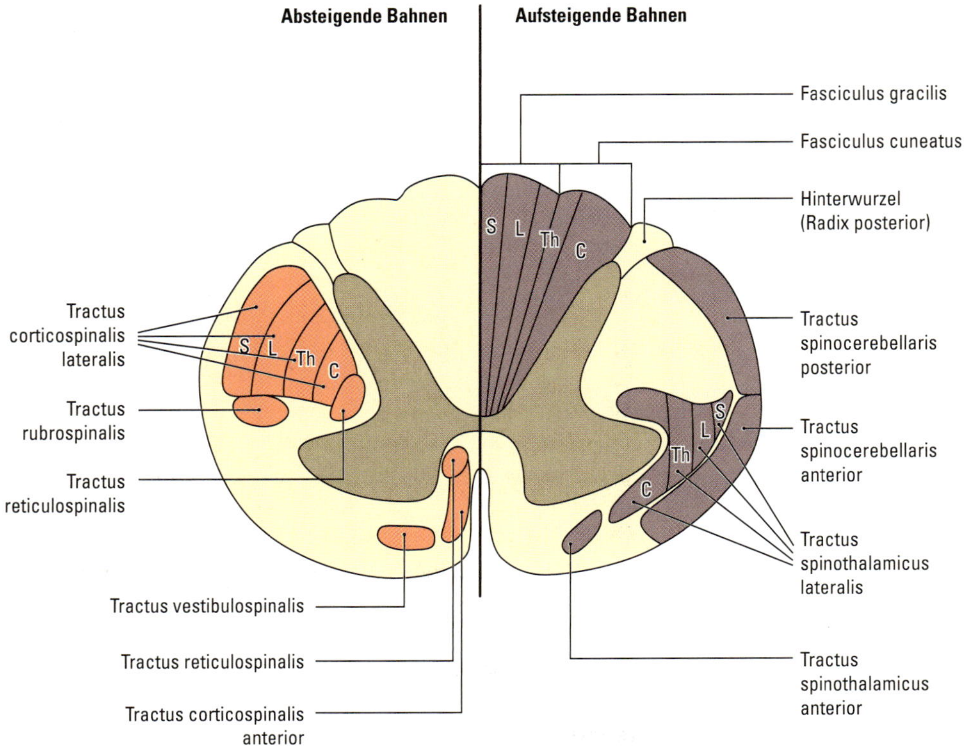

Abb. 14: Somatotopik der Rückenmarksbahnen

medi-learn.de/6-ana2-14

Direkt darunter **kreuzen ca. 90 %** der Fasern zur Gegenseite (Pyramidenbahnkreuzung oder Decussatio pyramidorum), um anschließend als Tractus corticospinalis lateralis im Seitenstrang nach unten zu ziehen und die α-Motoneurone zu innervieren. Die 10 % der ungekreuzten Fasern laufen medial der Fissura longitudinalis anterior als Tractus corticospinalis anterior nach unten, um schließlich in Segmenthöhe auch zu kreuzen.

Merke!

Alle Fasern der Pyramidenbahn kreuzen zur Gegenseite.

Übrigens ...
Eine Schädigung der Pyramidenbahn hat eine spastische Parese mit Beeinträchtigung vor allem der Feinmotorik zur Folge. Bei der Schädigung fällt dementsprechend auch die Kontrollfunktion aus, sodass primitive Reflexe wieder ausgelöst werden können. Ein klinisch wichtiges Beispiel hierfür ist der **Babinski-Reflex** (Bestreichen des lateralen Fußrandes führt zur Dorsalextension der Großzehe).

Extrapyramidale Bahnen

Hierunter versteht man alle motorischen Bahnen, die ins Rückenmark projizieren und nicht in der Pyramidenbahn verlaufen.

Ursprung	Name der Bahn	Kreuzung
Ncl. ruber	Tractus rubrospinalis	ja
Ncll. vestibulares	Tractus vestibulospinalis	nein
Formatio reticularis	Tractus reticulospinalis	läuft bilateral

Tab. 7: Extrapyramidale Bahnen

Die extrapyramidalen Bahnen (außer der Tractus rubrospinalis) innervieren in erster Linie die Motoneurone der Rumpf- und proximalen Extremitätenmuskulatur. Deshalb sind sie vorrangig für die **Massenbewegungen** von Rumpf und Extremitäten verantwortlich. Besonders der Tractus vestibulospinalis sowie der Tractus reticulospinalis spielen eine wichtige Rolle für den **Tonus** der Muskulatur.

4.7 Gefäßversorgung

Das Rückenmark wird durch drei längs verlaufende Arterien mit Blut versorgt. Die A. spinalis anterior läuft in der Fissura longitudinalis anterior. Sie entspringt aus den beiden Aa. vertebrales. Dorsal verlaufen zwei Aa. spinales posteriores, die aus den Aa. posteriores inferiores cerebelli entspringen. Besonders im Bereich der Intumeszenzen (Verdickungen) sichern Zuflüsse, die von den Interkostal- bzw. Lumbalarterien abstammen, die Blutversorgung.

4

Bahn	Qualität	Verschaltung/Kreuzung
sensibler Vorderseitenstrang (Tractus spinothalamicus)	Schmerz, Temperatur, grobe Druck- und Tastempfindung (protopathische Sensibilität)	segmentale Verschaltung mit nachfolgender Kreuzung über die Commissura alba
Hinterstrangbahnen (Fasciculus gracilis et cuneatus)	fein differenzierte Tastwahrnehmung und Propriozeption (epikritische Sensibilität)	Verschaltung und Kreuzung erst im Hirnstamm
Kleinhirnseitenstrangbahnen	propriozeptive Impulse zum Kleinhirn	teilweise gekreuzt, teilweise ungekreuzt zum Kleinhirn
Pyramidenbahn (Tractus corticospinalis)	feinmotorische Innervation der distalen Extremitätenmuskulatur	90 % kreuzen im Bereich der Medulla oblongata, 10 % kreuzen später
extrapyramidale Bahnen (Ursprung in den Hirnnervenkernen)	grobmotorische Innervation der proximalen Extremitätenmuskulatur	

Tab. 8: Wichtigste Bahnen, ihre Faserqualitäten sowie Verschaltung und Kreuzung

5 Makroskopie des Gehirns

Fragen in den letzten 10 Examen: 1

In diesem Kapitel werden die grundlegenden makroskopischen Strukturen dargestellt, die du am kompletten und sagittal halbierten Gehirn erkennen solltest. Auf erklärenden Text wurde hier weitestgehend verzichtet, da die wesentlichen Strukturen im vorangegangenen und nachfolgenden Text erklärt werden.

5.1 Topografische Achsen

Wie bereits in Kapitel 2.1.3, S. 9 erwähnt, kommt es durch das unterschiedlich schnelle Wachstum der Hirnbläschen zu einem Abkippen des Neuralrohrs nach vorn zwischen Mittel- und Zwischenhirn um ca. 60°. Damit ergeben sich unterschiedliche topografische Bezeichnungen für Hirnstamm (1) sowie Zwischen- und Großhirn (2).

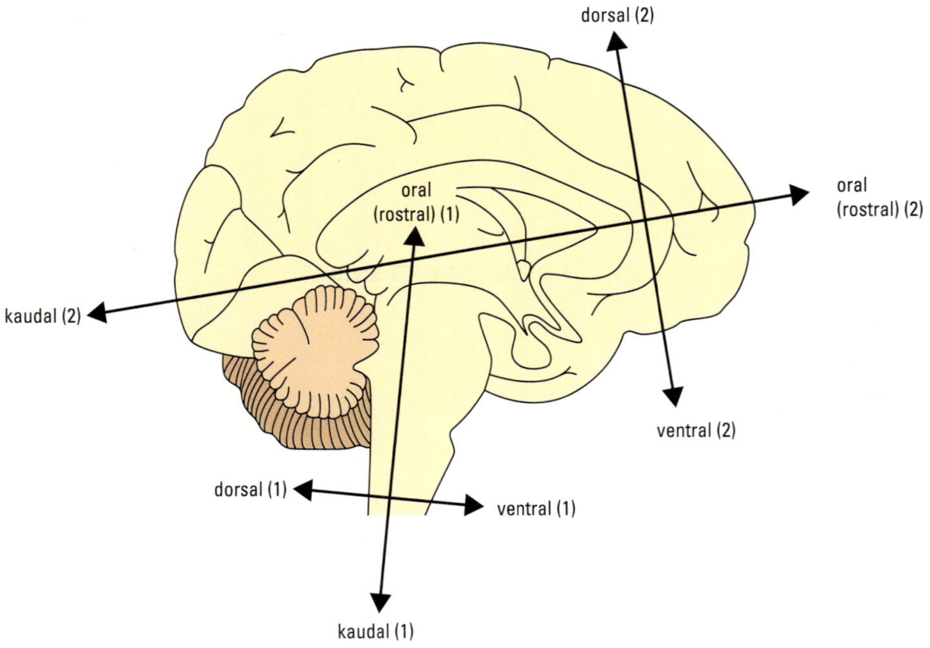

Abb. 15: Topografische Achsen

medi-learn.de/6-ana2-15

5.2 Lateralansicht des Gehirns

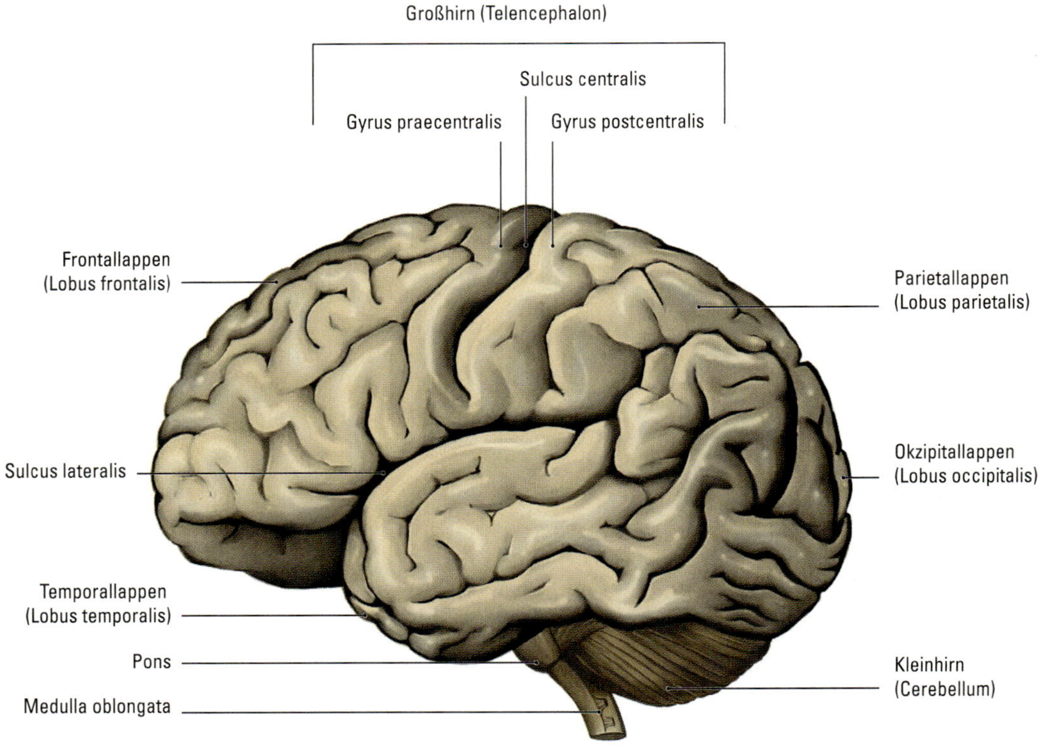

Abb. 16: Lateralansicht des Gehirns *medi-learn.de/6-ana2-16*

5.3 Basalansicht des Gehirns

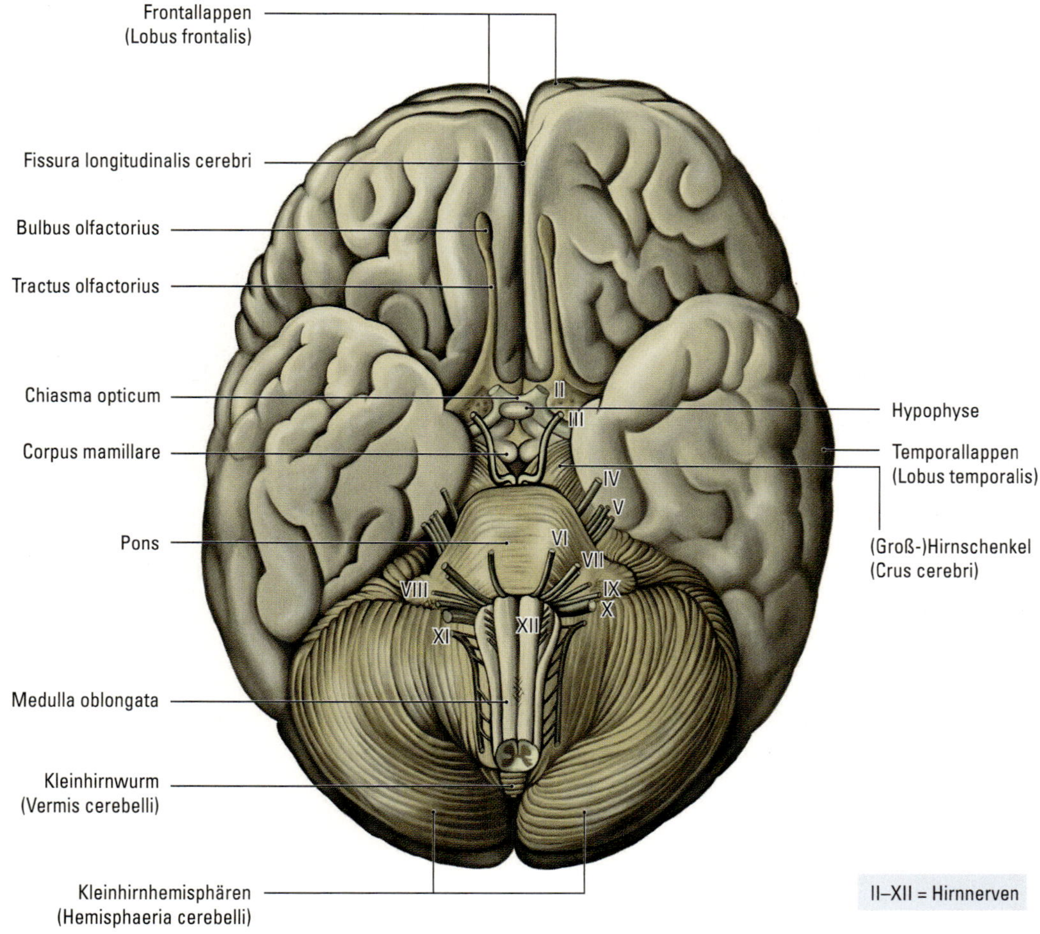

Abb. 17: Basalansicht des Gehirns

medi-learn.de/6-ana2-17

5.4 Medialansicht des Gehirns

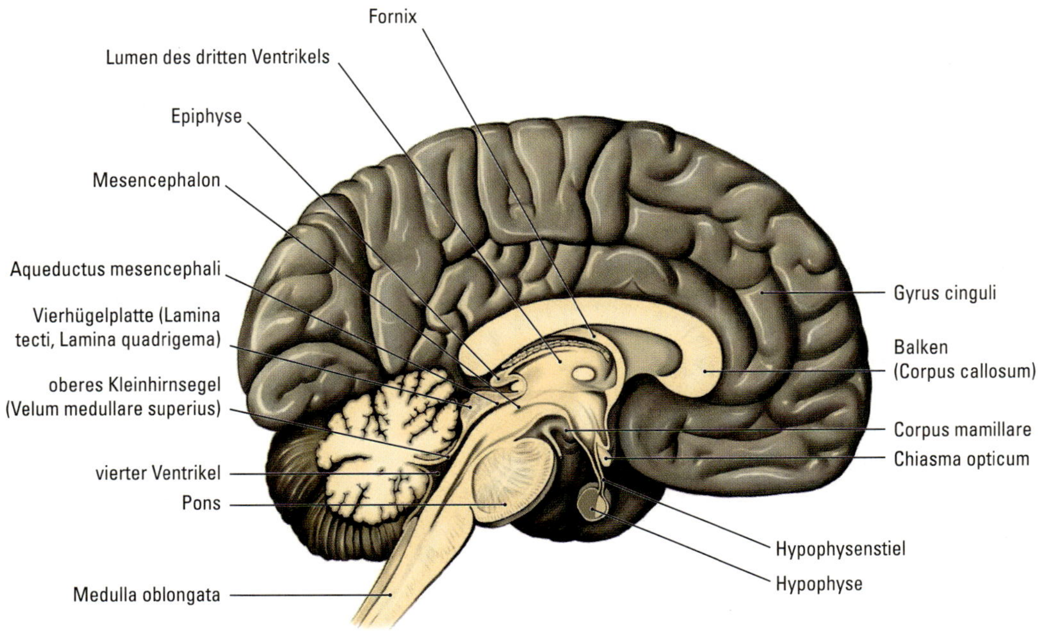

Abb. 18: Medialansicht des Gehirns *medi-learn.de/6-ana2-18*

DAS BRINGT PUNKTE

Bei Fragen zum **Rückenmark** kannst du wieder gut mit diesem Faktenwissen punkten:

- Das Rückenmark ist ca. 40–45 cm lang, besteht aus acht Zervikal-, zwölf Thorakal-, fünf Lumbal- und fünf Sakralsegmenten.
- Das Rückenmark endet im Conus medullaris auf Höhe des ersten/zweiten Lendenwirbelkörpers.
- Dem Rückenmark selbst liegt die Pia mater an. Danach folgen nach außen Arachnoidea und Dura mater.
- Der Subarachnoidalraum ist der äußere Liquorraum des Rückenmarks und steht mit dem äußeren Liquorraum des Hirns in Verbindung.
- Im Querschnitt des Rückenmarks erkennt man graue (Perikaryen) und weiße (Bahnen) Substanz.
- Die graue Substanz gliedert sich in Hinterhorn (Afferenzen), Vorderhorn (Efferenzen) und Seitenhorn (nur im Thorakal-, Lumbal- und Sakralmark, sympathisch oder parasympathisch).
- In der weißen Substanz unterscheidet man aufsteigende (sensible) und absteigende (motorische) Bahnen.

Aber auch in diesem Kapitel lauern kleinere Schwierigkeiten wie: „Wo wird die Bahn verschaltet, wo kreuzt sie?" Tab. 8, S. 39 soll dir helfen, diese Hürde zu nehmen. Außerdem sind Fragen nach den verschiedenen Reflexen und den zugehörigen Bewegungssegmenten Physikumsdauerbrenner.

Auch wenn es dir nicht gefällt zum Thema **Makroskopie des Gehirns** hilft nur Lernen, Lernen, Lernen. Versuche makroskopisch den Überblick zu behalten und die Strukturen zu benennen, dann kannst du daraus deren Lage zueinander ableiten. Damit lassen sich die meisten Fragen auch schon beantworten. Echte Prüfungslieblinge gibt es hier nicht.

FÜRS MÜNDLICHE

Makroskopische Fragen werden gern an den Anfang einer mündlichen Prüfung gestellt. Damit kann der Prüfer schnell Faktenwissen (am Präparat lernen) abfragen und dies als Einstieg in anspruchsvollere Themen nutzen. An dieser Stelle – repräsentativ für alle anderen Strukturen – als Beispiel die Medulla oblongata:

1. **Wie heißt diese Struktur? (Prüfer zeigt am Präparat auf die Medulla oblongata)**
2. **Bitte nennen Sie mir die Funktion der Medulla oblongata.**
3. **Erklären Sie bitte, wodurch die Medulla oblongata begrenzt wird.**
4. **Bitte erklären Sie, was der Conus medullaris ist.**
5. **Nennen Sie die Anzahl der Zervikalnervenpaare.**
6. **Bitte erläutern Sie, was ein Eigenreflex ist.**
7. **Kreuzen alle Pyramidenbahnfasern?**
8. **Was verstehen Sie unter einer schlaffen Lähmung?**
9. **Was verstehen Sie unter einer spastischen Lähmung?**

FÜRS MÜNDLICHE

1. Wie heißt diese Struktur? (Prüfer zeigt am Präparat auf die Medulla oblongata)
Medulla oblongata.

2. Bitte nennen Sie mir die Funktion der Medulla oblongata.
Hier kreuzt der größe Teil der Pyramidenbahnen (motorische Fasern) und ca. 80 % der sensiblen Fasern. Außerdem enthält sie Anhäufungen von Nervenzellkernen (graue Substanz, Substantia grisea) mit lebenswichtigen vegetativen Zentren für Stoffwechsel, Atmung, Herzschlag, Blutgefäßweite, Reflexe (Husten, Niesen, Brechen, Schlucken, Lidschluss, Saugen des Säuglings). Des Weiteren liegen hier auch die Ursprungskerne der Hirnnerven VIII–XII.

3. Erklären Sie bitte, wodurch die Medulla oblongata begrenzt wird.
Die Medulla oblongata reicht per definitionem von der Pons (kranial) bis zum Abgang des ersten Zervikalnervs aus dem Rückenmark (kaudal).

4. Bitte erklären Sie, was der Conus medullaris ist.
Kaudales Ende des Rückenmarks.

5. Nennen Sie die Anzahl der Zervikalnervenpaare.
Acht.

6. Bitte erläutern Sie, was ein Eigenreflex ist.
Reiz und Antwort erfolgen in einem Organ.

7. Kreuzen alle Pyramidenbahnfasern?
Ja. 90 % in der Pyramide, 10 % auf Segmentebene.

8. Was verstehen Sie unter einer schlaffen Lähmung?
Eine schlaffe Lähmung ist immer eine periphere Lähmung, bei der der Muskel durch den peripheren Nerv nicht innerviert wird.

9. Was verstehen Sie unter einer spastischen Lähmung?
Eine spastische Lähmung ist immer eine zentrale Lähmung; es kommt durch Tonussteigerung der Muskulatur zur gesteigerten Auslösbarkeit von Eigenreflexen.

Pluspunkte sammelst du übrigens bei jedem Prüfer, wenn du zum Zeigen von Strukturen eine Sonde oder Pinzette verwendest. Am besten umfährst du die gefragten und benennst die angrenzenden Strukturen. Faktenwissen wird vom Prüfer einfach vorausgesetzt, und die Laune des Prüfers wird sicherlich kontinuierlich besser, je mehr du von dir aus (unaufgefordert) erzählst. Also trau dich!

Mehr Cartoons unter www.medi-learn.de/cartoons

Pause

Wieder ein paar Seiten geschafft!
Jetzt Pause und dann ran an das letzte Kapitel

6 Medulla oblongata und Pons

Fragen in den letzten 10 Examen: 16

Diese beiden Gebiete stehen topografisch sowie funktionell in engem Kontakt und werden deshalb hier zusammen besprochen.

6.1 Topografie

Per definitionem reicht die Medulla oblongata (verlängertes Mark) vom Abgang des ersten Zervikalnervs bis zur Pons (Brücke). Die Fasern der Pons haben alle einen queren Verlauf. Pons und Medulla oblongata bilden die Rautengrube, den Boden des vierten Ventrikels.

Mit Hilfe der beiden nachfolgenden Abbildungen kannst du dir einen Überblick über die Strukturen von der Medulla oblongata bis hin zum Diencephalon verschaffen. Auch hier hilft leider nur eins: Lernen am Präparat (s. IMPP-Bild 2, S. 59).

6

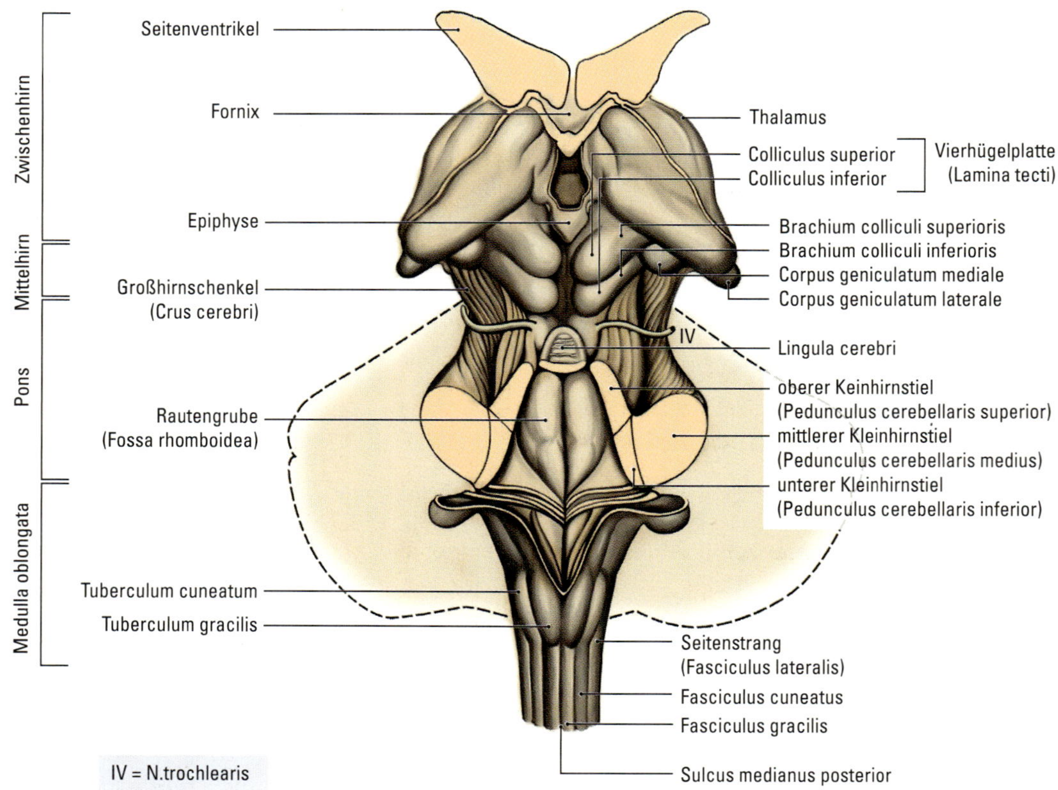

Abb. 19: Hirnstamm und Zwischenhirn von dorsokranial

medi-learn.de/6-ana2-19

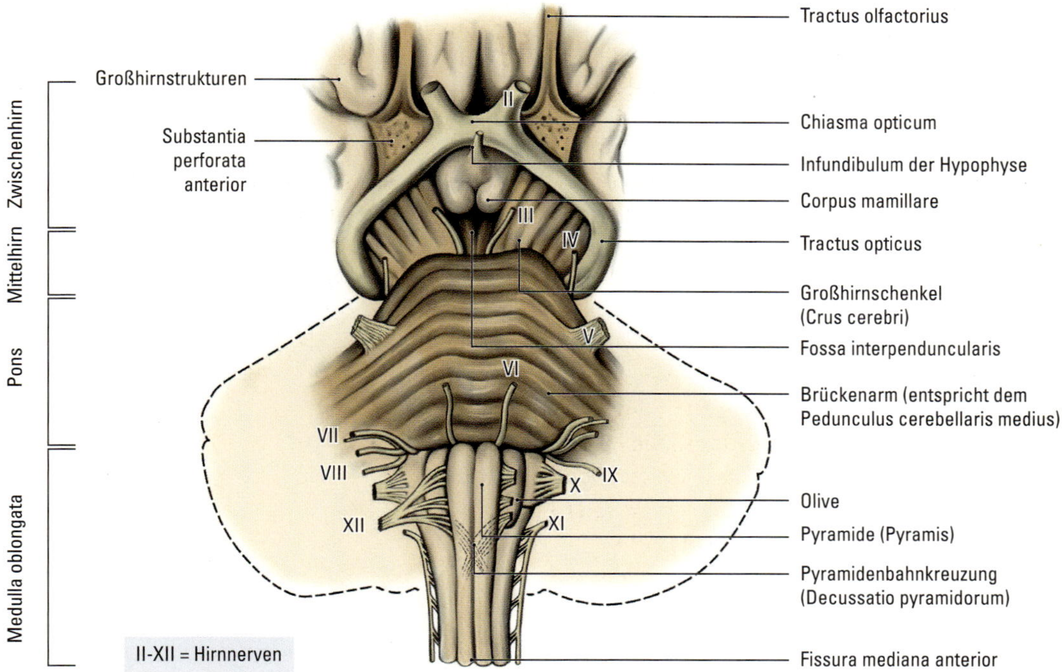

Abb. 20: Hirnstamm und Zwischenhirn von ventrobasal *medi-learn.de/6-ana2-20*

6.2 Hirnnervenkerne

Die Hirnnerven wurden ja bereits in Kapitel 3, S. 15 besprochen. Hier geht es deshalb nur um deren Kerngebiete.

Merke!

Die Hirnnerven werden nach ihrem Austreten aus dem Gehirn nummeriert. Dabei beginnt die Zählung rostral am Großhirn (s. Abb. 20, S. 49).

6.2.1 Lage der Hirnnervenkerne im Hirnstamm

Im Hirnstamm liegen die Kerngebiete der Hirnnerven III–X und XII. Die Kerne des N. olfactorius liegen an der Großhirnbasis, die des N. opticus im Zwischenhirn und die des N. accessorius im zervikalen Rückenmark.

Ein Hirnnerv kann mehrere Kerngebiete haben und mehrere Hirnnerven können ein Kerngebiet haben.
Prinzipiell gilt: somatomotorische Kerne liegen mehr medial, somatosensible Kerne liegen mehr lateral. Viszeromotorische sowie viszerosensible Kerne liegen dazwischen.

Puhh...
Bei den vielen Kernen und Nerven kann man ganz schön Nerven lassen. Deshalb hier mein Vorschlag, um die wichtigsten Kerngebiete strukturiert zu lernen:

- Die Hirnnerven I, II, IV, VI, XI, XII haben jeweils nur ein Kerngebiet. Das ist schon einmal die Hälfte aller Hirnnerven! Die Hälfte davon besitzt rein somatomotorische Fasern (IV, VI, XI, XII).
- Der N. trigeminus besitzt eine Radix motoria und eine Radix sensoria. Der motorische Kern (Ncl. motorius n. trigemini) ist relativ klein – der N. trigeminus ist in erster Linie

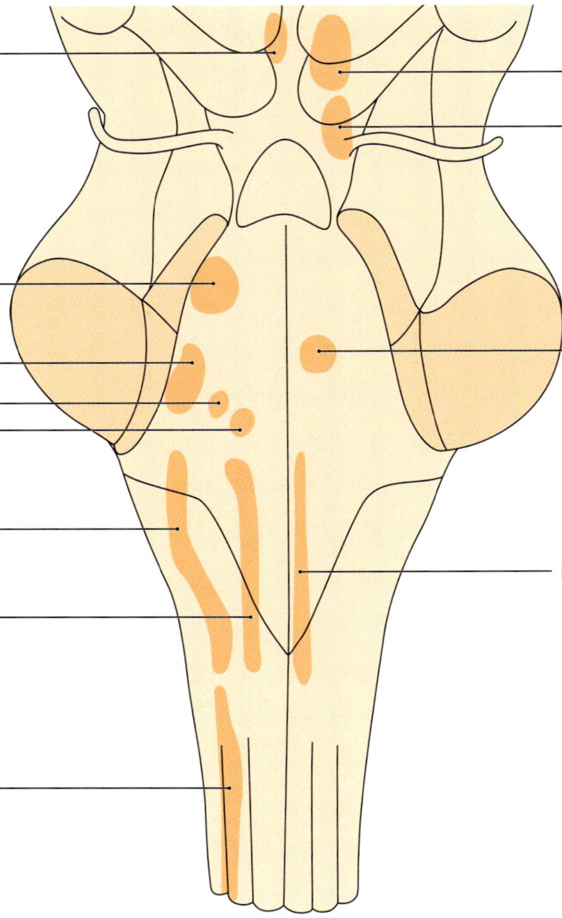

Abb. 21: Motorische Hirnnervenkerne *medi-learn.de/6-ana2-21*

für die Sensibilität zuständig. Dementsprechend gibt es drei sensible Kerngebiete, die vom **Rückenmark** (Ncl. spinalis n. trigemini) über die **Pons** (Ncl. principalis n. trigemini) bis ins **Mittelhirn** (Ncl. mesencephalicus n. trigemini) reichen.

- Die parasympathischen Kopfganglien versorgen auch die Speicheldrüsen. Der N. facialis erhält Fasern aus dem **„oberen Speicheldrüsenkern"** (Ncl. salivatorius superior), weil er **oberhalb** des N. glossopharyngeus liegt. Der N. glossopharyngeus erhält Fasern aus dem **„unteren Speicheldrüsenkern"**, weil er **unterhalb** des N. facialis liegt.
- Um Geschmack wahrzunehmen, benötigen wir auch Nervenfasern. Diese laufen im N. facialis als Chorda tympani, im N. glossopharyngeus sowie im N. vagus. Alle drei Hirnnerven erhalten die Geschmacksfasern aus **einem Kerngebiet**, dem Ncll. tractus solitarii.
- Da der N. glossopharyngeus und der N. vagus topografisch eng benachbart verlaufen, haben sie auch gemeinsame Kerngebiete. Für die speziell-viszeromotorischen Fasern ist dies der Ncl. ambiguus.

Beide Hirnnerven haben aber auch sensible Anteile. Diese sind nicht so stark ausgeprägt wie beim N. trigeminus. Deshalb benötigen die sensiblen Anteile keine eigenen Kerngebiete (es reicht ja auch so schon!), sondern erhalten Fasern vom Ncl. spinalis n. trigemini.

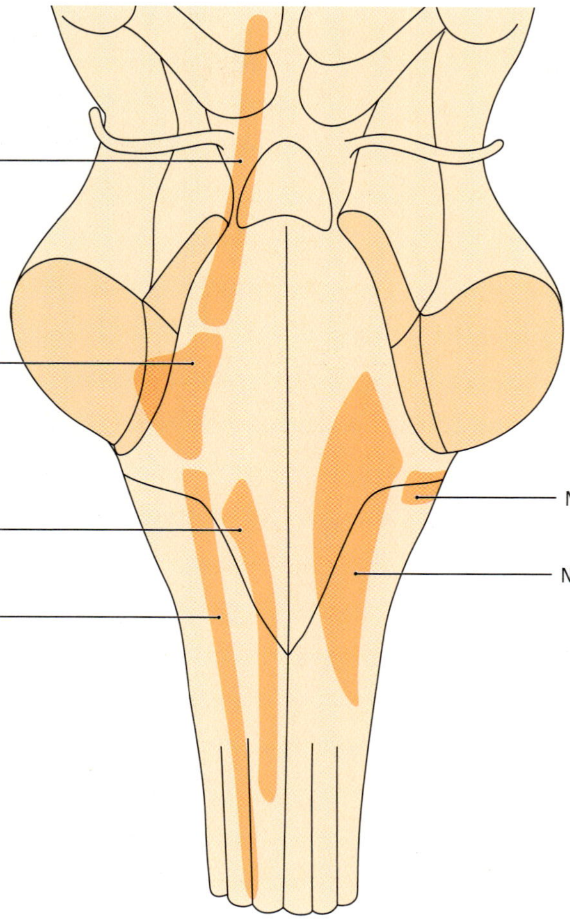

Abb. 22: Sensible Hirnnervenkerne

medi-learn.de/6-ana2-22

6

Ncl. n. oculomotorii

Dieser somatomotorische Kern liegt kurz vor dem Aquädukt in Höhe der Colliculi superiores im Tegmentum mesencephali.

Übrigens ...
Bei Läsion dieses Kerngebiets steht das betroffene Auge nach lateral unten und das Augenlid hängt. Dementsprechend kommt es zu Doppelbildern. Da die beiden Okulomotorius Kerngebiete eng beieinander liegen, treten die Symptome häufig beiderseits auf.

Ncl. accessorius n. oculomotorii (Edinger-Westphal)

Dieser allgemein-viszeromotorische Kern führt parasympathische Fasern, die mit dem N. oculomotorius zum Auge laufen und dort die inneren Augenmuskeln (M. ciliaris, M. sphincter pupillae) innervieren.

Merke!

Der M. dilatator pupillae wird sympathisch aus dem Seitenhorn des oberen Thorakalmarks innerviert.
Merkhilfe: Wenn dir jemand **sympathisch** erscheint, weiten sich deine Pupillen.

Übrigens ...
Bei Ausfall des Ncl. Edinger-Westphal ist die Pupille des betroffenen Auges geweitet und das Auge ist unfähig zu akkommodieren. Daraus resultiert eine Lichtüberempfindlichkeit sowie die Unfähigkeit, Dinge in der Nähe scharf zu sehen.

Ncl. n. trochlearis

Dieser rein somatomotorische Kern liegt in Höhe der Colliculi inferiores im Tegmentum. Die Fasern kreuzen direkt nach Verlassen des Kerns zur Gegenseite.
Der N. trochlearis ist der einzige Hirnnerv, der dorsal austritt.

Übrigens ...
Bei Schädigung des Kerngebiets fällt die kontralaterale Seite aus. Es kommt zu Doppelbildern, bedingt durch die Fehlstellung des Bulbus oculi (nach oben medial und Außenrotation). Häufiger ist die Schädigung des N. trochlearis. Dabei weist das ipsilaterale Auge die Fehlstellung auf.

Ncl. motorius n. trigemini

Dieser speziell-viszeromotorische Kern versorgt ausschließlich die Radix motoria des N. trigeminus. Die Fasern verlassen mit dem N. mandibularis die Schädelhöhle und innervieren die Kaumuskulatur.

Ncl. spinalis n. trigemini

Im allgemein-somatosensiblen Ncl. spinalis n. trigemini enden größtenteils Fasern der **protopathischen** Sensibilität (Schmerz, Temperatur, grobe Berührungsempfindung) aus den Hirnnerven V, IX und X in somatotopischer Ordnung.

Ncl. principalis n. trigemini

Hier enden die Fasern für die **epikritische** Sensibilität (feine Berührungsempfindung) des Gesichts.

Ncl. mesencephalicus n. trigemini

In diesem allgemein-somatosensiblen Kerngebiet des N. trigeminus enden die **propriozeptiven** Fasern der Kaumuskulatur.

Ncl. n. abducentis

Dieser rein somatomotorische Kern innerviert den M. rectus lateralis.
Damit immer beide Augen in die gleiche Richtung schauen, existiert eine Verbindung zum Ncl. n. oculomotorii, damit das kontralaterale Auge nach medial blicken kann.

Übrigens ...
Bei Schädigung des Ncl. n. abducentis kommt es häufig zu einer kompletten Blicklähmung zur Seite der Schädigung.

Ncl. n. facialis

Dieser speziell-viszeromotorische Kern innerviert die Gesichtsmuskulatur. Seine Afferenzen aus dem Großhirnkortex lassen sich in zwei Teile gliedern. Ein Teil versorgt die Lidschluss- und Stirnmuskulatur, der andere Teil versorgt die restliche mimische Muskulatur. Man unterscheidet zwischen zentraler und peripherer

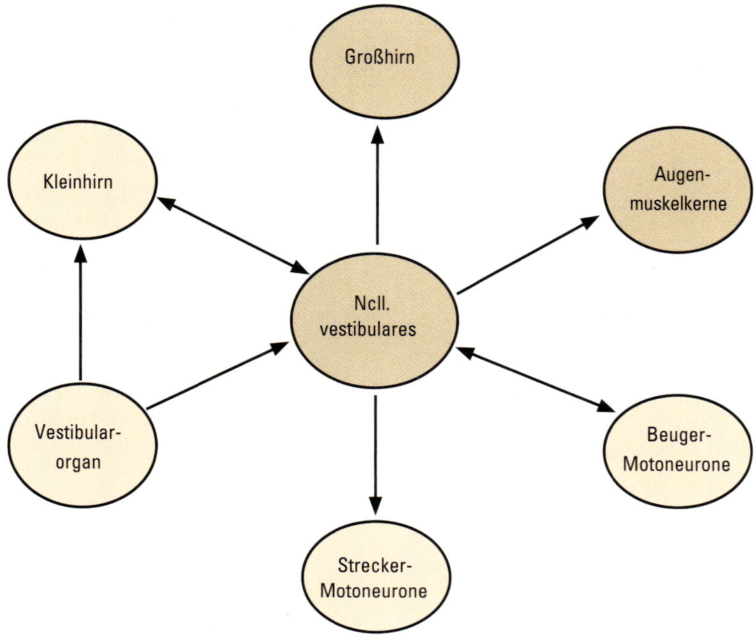

Abb. 23: Beziehungen der Ncll. vestibulares zu anderen Hirnstrukturen *medi-learn.de/6-ana2-23*

(schlaffe Lähmung der betroffenen Seite) Fazialisparese (s. 3.8, S. 20 und s. Abb. 8, S. 21).

Ncll. tractus solitarii

Dieses sensorische Kerngebiet besteht aus mehreren Untergruppen und ist das einzige für Viszerosensibilität und **Geschmacksempfindungen**. Hier enden alle Geschmacksfasern von VII, IX und X. Ebenso enden hier Fasern aus den **Mechanorezeptoren** (vom Sinus caroticus), **Chemorezeptoren** (vom Glomus caroticum) und **Pressorezeptoren** (vom Aortenbogen).

Ncl. salivatorius superior

In diesem allgemein-viszeromotorischen Kern entspringen parasympathische Fasern zur Innervation der Tränen-, Nasen-, Gaumen- sowie Sublingual- und Submandibulardrüsen. Die parasympathischen (allgemein-viszeromotorischen) Kerngebiete werden nicht durch den Großhirnkortex gesteuert, sondern über den Hypothalamus. Die Verbindung vom Hypothalamus zum Hirnstamm erfolgt zum Großteil über den **Fasciculus longitudinalis posterior**.

Ncll. cochleares

In diesen sensorischen Kerngebieten enden Fasern, die Informationen aus dem Corti-Organ leiten. Die Efferenzen dieser Kerne bilden den **Lemniscus lateralis**, der zu den Colliculi inferiores des Mittelhirns zieht.

Ncll. vestibulares

Hier enden sensorische Fasern aus den Vestibularorgangen (Sacculus, Utriculus und Bogengänge). Efferenzen ziehen zum Thalamus, Kleinhirn, zu den Augenmuskelkernen, der Formatio reticularis und dem Rückenmark.

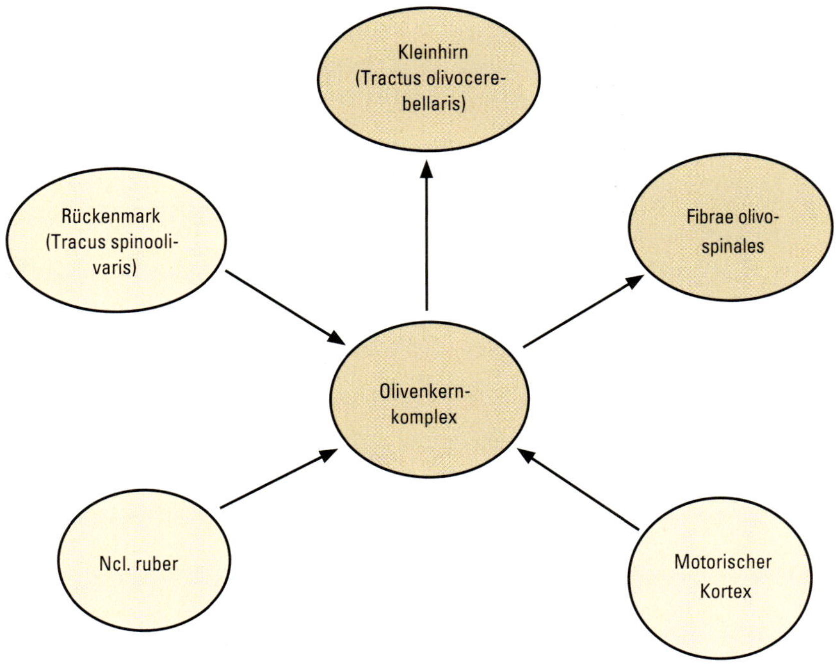

Abb. 24: Afferenzen und Efferenzen des Olivenkernkomplexes *medi-learn.de/6-ana2-24*

Merke!

Das Vestibularorgan hat drei Aufgaben:
- **Regulation der Körperhaltung,**
- **Raumorientierung** und
- **Blickstabilisierung**.

Eine Störung führt daher zu
- **Gleichgewichtsstörungen,**
- **Schwindel** und
- **Nystagmus**.

Um diesen wesentlichen Aufgaben gerecht zu werden, besitzen die Ncll. vestibulares Verbindungen zu verschiedenen Hirnstrukturen (s. Abb. 23, S. 53). Besonders wichtig ist der **Tractus vestibulospinalis**. Um Fallbewegungen zu korrigieren, ist es sinnvoll, Streckbewegungen zu aktivieren und Beugebewegungen zu hemmen.

Ncl. ambiguus

Dieser viszeromotorische Kern innerviert die Schlund- und Gaumenmuskulatur sowie die Kehlkopfmuskulatur.

Ncl. salivatorius inferior

Die viszeromotorischen (parasympathischen) Fasern innervieren die Glandula parotis sekretorisch.

Merke!

Es gibt zwei Kerngebiete für die sekretorische Innervation der Speicheldrüsen:
- **Ncl. salivatorius superior** (Tränen-,Nasen-, Gaumen- sowie Sublingual- und Submandibulardrüsen)
- **Ncl. salivatorius** inferior (Ohrspeicheldrüse)

Ncl. dorsalis n. vagi

Dieser viszeromotorische Kern innerviert parasympathisch den Körper vom Hals abwärts bis zur linken Kolonflexur.

Ncl. n. accessorii

Eigentlich handelt es sich beim N. accessorius um keinen echten Hirnnerv. Er entspringt aus dem zervikalen Rückenmark und hat seinen speziell-viszeromotorischen Kern im Vorderhorn des Zervikalmarkes von C1 bis C5 liegen.

Ncl. n. hypoglossi

Der somatomotorische Kern innerviert motorisch die Zungenmuskulatur.
Der N. hypoglossus ist der einzige Hirnnerv, der ventral der Olive austritt.

Übrigens ...
Bei einer Lähmung des Kerns weicht die Zunge zur gelähmten Seite ab.

6.3 Kernkomplexe in Medulla oblongata und Pons

In Medulla oblongata und Pons liegen Kernkomplexe, die für die Feinabstimmung der Bewegung große Bedeutung haben. Die Efferenzen dieser Kerne stellen wesentliche Afferenzen des Kleinhirns dar.

6.3.1 Olivenkernkomplex

Lateral der Pyramiden liegen die Oliven mit den Olivenkernkomplexen (Ncll. olivares inferiores), die für die Bewegungskoordination große Bedeutung haben.

Abb. 24, S. 54 zeigt die Afferenzen und Efferenzen des Olivenkernkomplexes. Der Tractus olivocerebellaris kreuzt zur Gegenseite, läuft durch den unteren Kleinhirnstiel in die kontralaterale Kleinhirnhälfte und endet als Kletterfasern. Die Olive spielt eine wichtige Rolle bei der **Koordination und Feinabstimmung von Präzisionsbewegungen**. Sie arbeitet eng mit dem Kleinhirn zusammen und vermittelt Impulse von Rückenmark und Großhirn sowie Ncl. ruber an das Kleinhirn.
Über einen Neuronenkreis werden Änderungen, die vom Kleinhirn initiiert werden, sofort an dieses zurückgemeldet. Damit kann schnell und effektiv der Bewegungsablauf beeinflusst werden.

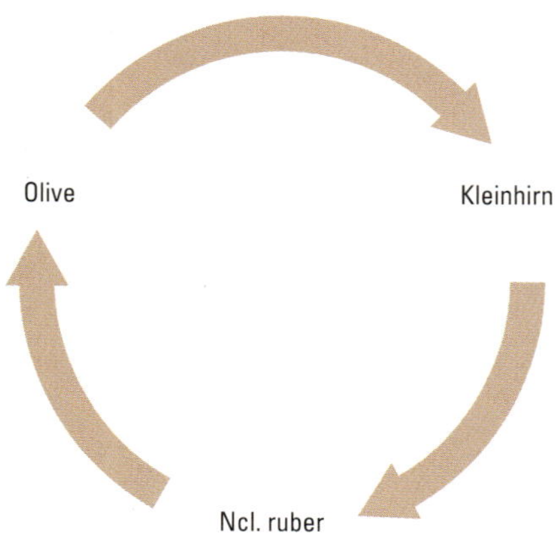

Abb. 25: Neuronenkreis Kleinhirn – Ncl. ruber – Olive – Kleinhirn *medi-learn.de/6-ana2-25*

Übrigens ...
Schädigungen der Olive führen zu Störungen des glatten Ablaufs von Bewegungen, Herabsetzung des Muskeltonus und gelegentlich Gang- und Standstörungen. Durch die enge Verknüpfung mit dem Kleinhirn haben sie viel mit den Störungen des Kleinhirns gemein (s. Skript Anatomie 3) .

6.3.2 Ncll. pontis (Brückenkerne)

Die Ncll. pontis liegen weit ventral in der Pons und erhalten ihre Afferenzen größtenteils über den **Tractus corticopontinus**. Nach Kreuzung zur kontralateralen Seite projizieren die Brückenkerne über den mittleren Kleinhirnstiel ins Kleinhirn.
Sie spielen eine noch wichtigere Rolle in der Funktion des Kleinhirns als die Oliven. Ihre

Afferenzen erhalten die Brückenkerne vom Assoziationskortex, Impulse zur Feinabstimmung geben sie als Efferenzen an das Kleinhirn weiter.

Übrigens ...
Eine Schädigung der Ncll. pontis sieht klinisch häufig wie eine Schädigung des Kleinhirns selbst aus, da die Brückenkerne die wichtigste Afferenz des Kleinhirns darstellen.

6.3.3 Ncl. gracilis und Ncl. cuneatus

An der Hinterwand der Medulla oblongata liegt medial das Tuberculum gracile mit dem Ncl. gracilis. Dort wird die epikritische Afferenz von Rumpf und unterer Körperhälfte umgeschaltet. Lateral davon liegt im Tuberculum cuneatum der Ncl. cuneatus. Dort wird die epikritische Sensibilität des Arm- und Halsbereichs verschaltet. Die gemeinsame Efferenz ist der **Lemniscus medialis**. Er kreuzt in der Medulla oblongata zur Gegenseite und zieht zum kontralateralenThalamus. Dort wird die epikritische Sensibilität auf das dritte Neuron umgeschaltet, um von dort schließlich zum somatosensiblen Kortex zu gelangen.

6

DAS BRINGT PUNKTE

Häufig waren Fragen zu den **Ncll. tractus solitarii**. Dazu solltest du unbedingt wissen, dass

- sie das einzige Zentrum für Viszerosensibilität und **Geschmacksempfindungen** über VII, IX und X sind,
- dort Fasern aus Mechanorezeptoren (aus dem Sinus caroticus über IX) und Chemorezeptoren (aus dem Glomus caroticum über IX) enden und
- dorthin über den N. vagus sensible Informationen aus Lunge, Trachea, Ösophagus und Epiglottis gelangen.

Einige Fragen kamen auch zum **Ncl. ambiguus**. Hier ließ sich mit folgenden Fakten punkten:

- Der Ncl. ambiguus ist das Kerngebiet für den N. glossopharyngeus und den N. vagus.
- Der Ncl. ambiguus innerviert Schlund-, Gaumen- und Kehlkopfmuskulatur viszeromotorisch.

Weiterhin gern gefragt wurde zu den **Hinterstrangbahnen und -kernen**, dass

- der Ncl. gracilis die epikritische Afferenz von Rumpf und unterer Körperhälfte empfängt,
- der Ncl. cuneatus die epikritische Afferenz des Arm- und Halsbereichs ist und
- der **Lemniscus medialis** die gemeinsame Efferenz ist.

Wer die Makroskopie drauf hat, kann mit der Benennung von Hirnnerven und Kerngebieten auch gut punkten. Bislang wurden hier verschiedenste Bildbeilagen gebracht, auf denen du den Nerv erkennen solltest. Wichtig sind auch die einzelnen Informationsqualitäten und Kerngebiete.

Leider ist das auch wieder eine lern- und zeitintensive Aufgabe. Aber wenn du das drauf hast, kannst du dir die Informationsqualitäten der Hirnnerven herleiten und damit auch die Fragen problemlos lösen.

FÜRS MÜNDLICHE

Mit folgenden Fragen zum Thema „Medulla oblongata und Pons" kannst du dich auf deine mündliche Prüfung vorbereiten:

1. **Bitte erläutern Sie, welches Kerngebiet für die Geschmacksempfindung zuständig ist.**
2. **Erklären Sie bitte, ob eine Schädigung des N. glossopharyngeus von einer Schädigung seiner Kerngebiete zu unterscheiden ist.**
3. **Nennen und begründen Sie bitte, welcher Hirnnerv kein echter Hirnnerv ist.**
4. **Erklären Sie bitte, welche Qualität die am weitesten lateral/medial liegenden Hirnnervenkerne haben.**
5. **Hat jeder Hirnnerv ein eigenes Kerngebiet?**
6. **Bitte erklären Sie, woran man den Ausfall des Ncl. n. abducentis bzw. des N. abducens klinisch unterscheiden kann.**

FÜRS MÜNDLICHE

1. Bitte erläutern Sie, welches Kerngebiet für die Geschmacksempfindung zuständig ist.
Ncll. tractus solitarii.

2. Erklären Sie bitte, ob eine Schädigung des N. glossopharyngeus von einer Schädigung seiner Kerngebiete zu unterscheiden ist.
Periphere Schädigung: kompletter Ausfall von Sensorik, Sensibilität, Viszeromotorik und Somatomotorik. Der N. IX besitzt vier Kerngebiete. Bei Ausfall eines Kerngebiets fällt auch nur dessen Funktion aus.

3. Nennen und begründen Sie bitte, welcher Hirnnerv kein echter Hirnnerv ist.
Der N. XI. Er entspringt aus dem Ncl. accessorii im Vorderhorn des Zervikalmarks C1–C5. Lediglich seine Radix cranialis aus dem Ncl. ambiguus zieht durch das Foramen jugulare zum N. vagus.

4. Erklären Sie bitte, welche Qualität die am weitesten lateral/medial liegenden Hirnnervenkerne haben.
Lateral – somatosensibel,
medial – somatomotorisch.

5. Hat jeder Hirnnerv ein eigenes Kerngebiet?
Nein! Die Hirnnerven haben verschiedene Faserqualitäten aus verschiedenen Hirnnervenkernen.

6. Bitte erklären Sie, woran man den Ausfall des Ncl. n. abducentis bzw. des N. abducens klinisch unterscheiden kann.
Kernschädigung: Koordination beider Augen gestört – Doppelbilder.
Periphere Schädigung: Koordination nur eines Auges gestört – Doppelbilder.

Pause

Geschafft! Hier noch ein kleiner Cartoon als Belohnung ...

Mehr Cartoons unter www.medi-learn.de/cartoons

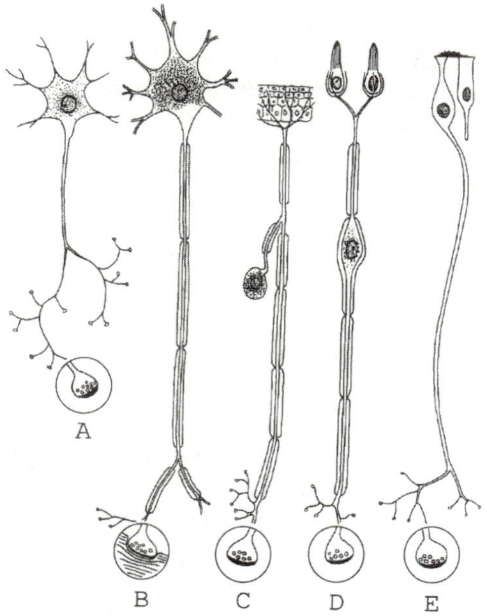

A multipolares Neuron
B multipolares Motoneuron, dessen Zellkörper im ZNS liegt
C pseudounipolares Neuron, dessen Zellkörper im Spinalganglion liegt
D bipolares Neuron, dessen Zellkörper z. B. im Ganglion vestibulare liegt
E unipolares Neuron, dessen Zellkörper z. B. im Riechepithel liegt

IMPP-Bild 1: Neuronentypen
medi-learn.de/6-ana2-impp1

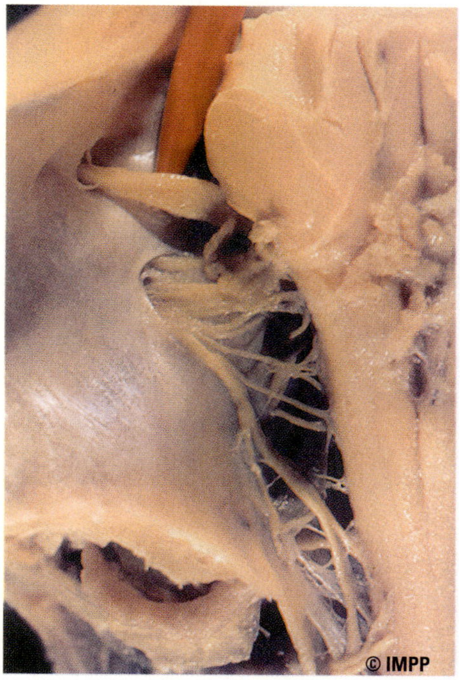

Diese Abbildung zeigt den Hirnstamm von dorsal, wobei das Kleinhirn entfernt ist. Auf der Sonde liegt der N. facialis, darunter befinden sich der N. glossopharyngeus und der N. vagus. Am rechten Bildrand sieht man die Rautengrube.

IMPP-Bild 2: Hirnstamm von dorsal
medi-learn.de/6-ana2-impp2

Index

Deine Meinung ist gefragt!

Es ist erstaunlich, was das menschliche Gehirn an Informationen erfassen kann. Slbest wnen kilene Fleher in eenim Txet entlheatn snid, so knnsat du die eigneltchie lofnrmotian deoncnh vershteen – so wie in dsieem Text heir.

Wir heabn die Srkitpe mecrfhah sehr sogrtfältg güpreft, aber vilcheliet hat auch uesnr Girehn – so wie deenis grdaee – unbeswust Fheler übresehne. Um in der Zuuknft noch bsseer zu wrdeen, bttein wir dich dhear um deine Mtiilhfe.

Sag uns, was dir aufgefallen ist, ob wir Stolpersteine übersehen haben oder ggf. Formulierungen verbessern sollten. Darüber hinaus freuen wir uns natürlich auch über positive Rückmeldungen aus der Leserschaft.

Deine Mithilfe ist für uns sehr wertvoll und wir möchten dein Engagement belohnen: Unter allen Rückmeldungen verlosen wir einmal im Semester Fachbücher im Wert von 250 Euro. Die Gewinner werden auf der Webseite von MEDI-LEARN unter www.medi-learn.de bekannt gegeben.

Schick deine Rückmeldung einfach per E-Mail an support@medi-learn.de oder trag sie im Internet in ein spezielles Formular für Rückmeldungen ein, das du unter der folgenden Adresse findest:

www.medi-learn.de/rueckmeldungen

So entsteht dein MEDI-LEARN Skript

Da sowohl im Examen als auch in Klausuren immer wieder ähnliche Inhalte gefragt werden, extrahieren wir diese nach Eliminierung der Falschaussagen (1) aus den aktuellsten Examina (2). Danach werden exotische Inhalte aussortiert (3). Nachdem sämtliche IMPP relevante Fakten verschlagwortet (4) sind, werden die Schwerpunkte aus über 5000 mündlichen Prüfungsprotokollen (5) hinzugegeben. Danach entsteht durch das thematische Sortieren (6) und eine methodisch-didaktische Aufarbeitung (7) unserer Examensexperten dein MEDI-LEARN Skript (8).

Teil des Paketes Anatomie

ISBN 978-3-95658-000-0
9 783956 580000

Inhalte in diesem Band

- Bestandteile und Aufbau des ZNS
- Entwicklung des Nervensystems
- Hirnnerven
- Rückenmark
- Makroskopie des Gehirns
- Medulla oblongata und Pons

Ulrike Bommas-Ebert

Anatomie Band 1

MEDI-LEARN Skriptenreihe

6., komplett überarbeitete Auflage

MEDI-LEARN Verlag GbR

Autorin: Ulrike Bommas-Ebert
Fachlicher Beirat: PD Dr. Rainer Viktor Haberberger

Teil 1 des Anatomiepaketes, nur im Paket erhältlich
ISBN-13: 978-3-95658-000-0

Herausgeber:
MEDI-LEARN Verlag GbR
Dorfstraße 57, 24107 Ottendorf
Tel. 0431 78025-0, Fax 0431 78025-262
E-Mail redaktion@medi-learn.de
www.medi-learn.de

Verlagsredaktion:
Dr. Marlies Weier, Dipl.-Oek./Medizin (FH) Désirée Weber, Denise Drdacky, Jens Plasger, Sabine Behnsch, Philipp Dahm, Christine Marx, Florian Pyschny, Christian Weier

Layout und Satz:
Fritz Ramcke, Kristina Junghans,
Christian Gottschalk

Grafiken:
Dr. Günter Körtner, Irina Kart, Alexander Dospil,
Christine Marx

Illustration:
Daniel Lüdeling

Druck:
A.C. Ehlers Medienproduktion GmbH

6. Auflage 2014

Wichtiger Hinweis für alle Leser
Die Medizin ist als Naturwissenschaft ständigen Veränderungen und Neuerungen unterworfen. Sowohl die Forschung als auch klinische Erfahrungen führen dazu, dass der Wissensstand ständig erweitert wird. Dies gilt insbesondere für medikamentöse Therapie und andere Behandlungen. Alle Dosierungen oder Applikationen in diesem Buch unterliegen diesen Veränderungen.
Obwohl das MEDI-LEARN Team größte Sorgfalt in Bezug auf die Angabe von Dosierungen oder Applikationen hat walten lassen, kann es hierfür keine Gewähr übernehmen. Jeder Leser ist angehalten, durch genaue Lektüre der Beipackzettel oder Rücksprache mit einem Spezialisten zu überprüfen, ob die Dosierung oder die Applikationsdauer oder -menge zutrifft. Jede Dosierung oder Applikation erfolgt auf eigene Gefahr des Benutzers. Sollten Fehler auffallen, bitten wir dringend darum, uns darüber in Kenntnis zu setzen.

Vorwort

Liebe Leserin, lieber Leser,

zu viel Stoff und zu wenig Zeit – diese zwei Faktoren führen stets zu demselben unschönen Ergebnis: Prüfungsstress!

Was soll ich lernen? Wie soll ich lernen? Wie kann ich bis zur Prüfung noch all das verstehen, was ich bisher nicht verstanden habe? Die Antworten auf diese Fragen liegen meist im Dunkeln, die Mission Prüfungsvorbereitung erscheint vielen von vornherein unmöglich. Mit der MEDI-LEARN Skriptenreihe greifen wir dir genau bei diesen Problemen fachlich und lernstrategisch unter die Arme.

Wir helfen dir, die enorme Faktenflut des Prüfungsstoffes zu minimieren und gleichzeitig deine Bestehenschancen zu maximieren. Dazu haben unsere Autoren die bisherigen Examina (vor allem die aktuelleren) sowie mehr als 5000 Prüfungsprotokolle analysiert. Durch den Ausschluss von „exotischen", d. h. nur sehr selten gefragten Themen, und die Identifizierung immer wiederkehrender Inhalte konnte das bestehensrelevante Wissen isoliert werden. Eine didaktisch sinnvolle und nachvollziehbare Präsentation der Prüfungsinhalte sorgt für das notwendige Verständnis.

Grundsätzlich sollte deine Examensvorbereitung systematisch angegangen werden. Hier unsere Empfehlungen für die einzelnen Phasen deines Prüfungscountdowns:

Phase 1: Das Semester vor dem Physikum
Idealerweise solltest du schon jetzt mit der Erarbeitung des Lernstoffs beginnen. So stehen dir für jedes Skript im Durchschnitt drei Tage zur Verfügung. Durch themenweises Kreuzen kannst du das Gelernte fest im Gedächtnis verankern.

Phase 2: Die Zeit zwischen Vorlesungsende und Physikum
Jetzt solltest du täglich ein Skript wiederholen und parallel dazu das entsprechende Fach kreuzen. Unser „30-Tage-Lernplan" hilft dir bei der optimalen Verteilung des Lernpensums auf machbare Portionen. Den Lernplan findest du in Kurzform auf dem Lesezeichen in diesem Skript bzw. du bekommst ihn kostenlos auf unseren Internetseiten oder im Fachbuchhandel.

Phase 3: Die letzten Tage vor der Prüfung
In der heißen Phase der Vorbereitung steht das Kreuzen im Mittelpunkt (jeweils abwechselnd Tag 1 und 2 der aktuellsten Examina). Die Skripte dienen dir jetzt als Nachschlagewerke und – nach dem schriftlichen Prüfungsteil – zur Vorbereitung auf die mündliche Prüfung (siehe „Fürs Mündliche").

Weitere Tipps zur Optimierung deiner persönlichen Prüfungsvorbereitung findest du in dem Band „Lernstrategien, MC-Techniken und Prüfungsrhetorik".

Eine erfolgreiche Prüfungsvorbereitung und viel Glück für das bevorstehende Examen wünscht dir

Dein MEDI-LEARN Team

Inhalt

1 Allgemeine Entwicklungsgeschichte und Plazentation

Fragen in den letzten 10 Examen: 20

Die Entwicklung des Kindes kann man in die Embryonalentwicklung (Zeitraum der Entwicklung der Keimblätter und der einzelnen Organe) und die Fetalentwicklung (Zeitraum der Organreifung) unterteilen. Im schriftlichen Examen wird die Embryonalentwicklung jedoch eingeteilt in

- die **allgemeine Entwicklungsgeschichte und Plazentation** und
- die **Organentwicklung**.

In der Gliederung des Gegenstandskatalogs und damit auch in vielen Büchern wie z. B. der Schwarzen Reihe wird die allgemeine Entwicklungsgeschichte und Plazentation im ersten Kapitel behandelt und die Organentwicklung häufig den Kapiteln der einzelnen Organe voran gestellt. In diesem Skript wird – zum besseren Verständnis – die gesamte Entwicklung chronologisch dargestellt, also vom Anfang bis zum Ende.

„Allgemeine Entwicklungsgeschichte" bezeichnet den Vorgang der Entwicklung von der Befruchtung bis zum Beginn der Entwicklung der einzelnen Organe. Die Entwicklung der Organe selbst gehört dagegen schon zum speziellen Teil der Entwicklungsgeschichte. Der Begriff Plazentation umfasst die Einnistung der befruchteten Eizelle in der Plazenta und die Entwicklung der Plazenta.
Aus diesem Kapitel wird im Examen besonders die Entwicklung der Plazenta und der Keimblätter geprüft.

1.1 Embryonalentwicklung

Hier werden zunächst noch allgemeine Fakten zur Entwicklung des Embryos besprochen, um die Orientierung im Dschungel der unterschiedlichen Begriffe zu erleichtern.

1.1.1 Einteilung der pränatalen Zeit

Der Zeitraum vor der Geburt wird in drei verschiedene Stadien eingeteilt:

- **Die Vorembryonalperiode** = 1. bis 7. Tag p.c. (post conceptionem = nach der Befruchtung). Dies ist der Zeitraum von der Befruchtung bis zur Einnistung der Eizelle. Missbildungen in diesem Zeitraum sind Spalt- und Doppelmissbildungen.
- **Die Embryonalperiode** = 2. bis 8. Entwicklungswoche. Dies ist der Zeitraum der Entwicklung der einzelnen Organe (Organogenese) und der menschlichen Gestalt. Missbildungen in diesem Zeitraum sind Organ- und Extremitätenmissbildungen.
- **Die Fetalperiode** = 9. bis ca. 38. Entwicklungswoche (bis zur Geburt). Dies ist der Zeitraum der Organreifung (am langsamsten reift übrigens die Lunge, s. 2.7.4, S. 49). Eine Schädigung des Embryos in dieser Zeit kann zum Abort führen.

Am **Anfang der Embryonalperiode** (3.–4. Entwicklungswoche) ist auf der Körperoberfläche des Embryos das Relief der **Somiten** noch zu erkennen. Die Somiten sind würfelförmige Segmente (zunächst 1 bis 4, am Ende bis zu 35), aus denen sich das Sklerotom (Anlage für die Wirbelsäule), das Dermatom (Anlage zur Bildung der Dermis) und das Myotom (Anlage zur Bildung der Muskulatur) entwickeln.
Am **Ende der Embryonalperiode** ist die Entwicklung der Organe beendet, und der Embryo weist keine Somiten mehr auf. Zu diesem Zeitpunkt sieht er dem „fertigen" Kind schon sehr ähnlich, obwohl er nur eine Größe von ca. **30 mm** hat. Ebenfalls am Ende der Embryonalperiode befinden sich bei weiblichen Embryos die Eizellen (für die nächste Generation) in der Pause während der ersten Reifeteilung. Diese Pause dauert bis jeweils kurz vor dem Eisprung der einzelnen Eizelle (s. Abb. 2, S. 4).

Die Bezeichnungen **Entwicklungs- und Schwangerschaftswochen** sind **NICHT** synonym! Die erste **Entwicklungswoche** beginnt direkt **nach** der Befruchtung der Eizelle. Die Entwicklungswochen bezeichnen also das tatsächliche Alter des Embryos. Die Rechnung erfolgt in Tagen/Wochen **post conceptionem**, also vom genauen Zeitpunkt der Befruchtung ausgehend. Schwangere Frauen können zumeist aber den genauen Tag der Befruchtung nicht angeben. Vom Gynäkologen wird deshalb zurückgerechnet bis zur letzten **Menstruationsblutung**. Die Rechnung beginnt also **post menstruationem**, und den errechneten Zeitraum gibt man in **Schwangerschaftswochen** an. Zwischen der Menstruation und dem Eisprung (und damit der Befruchtung) liegen 14 Tage. Schwangerschaftswochen entsprechen daher den Entwicklungswochen plus zwei Wochen: die 1. Entwicklungswoche entspricht also der 3. Schwangerschaftswoche etc.

1.2 Keimzellentwicklung

Die Eizellen und Spermien, die für die Entstehung eines Kindes erforderlich sind, entstehen bereits im Embryo der Eltern. Um die komplette Entwicklung ganz von Anfang an zu beschreiben, wird hier mit der Entwicklung der Keimzellen (Eizellen und Spermien) begonnen.

1.2.1 Allgemeines zur Entstehung von Zellen

Nach der Vereinigung von Spermium und Eizelle (Befruchtung) entsteht als Erstes eine Zygote (s. Abb. 1, S. 2, Abb. 4 a, S. 11, Abb. 4 b, S. 11 und Abb. 5, S. 12), dann folgt das Blastomeren- und das Morulastadium. Die Zellen dieser drei Stadien sind **omnipotent**, d. h., aus jeder Zelle kann alles (jede Struktur und jedes Organ des Körpers, also auch Keimzellen) entstehen. Im darauf folgenden Blastozystenstadium erfolgt eine erste Differenzierung. Die Blastozyste weist bereits zwei verschiedene Zelltypen auf:

- die **Trophoblastenzellen**, die für die Entstehung der Plazenta verantwortlich sind und
- die **Embryoblastenzellen**, die den Embryo mit allen Organen und Strukturen bilden, also auch mit den Keimzellen, dem Dottersack, dem Amnion etc.

Diese Zellen sind nur noch **pluripotent**, d. h., sie können viele verschiedene Dinge bilden, haben aber bereits eine erste Spezialisierung durchlaufen.

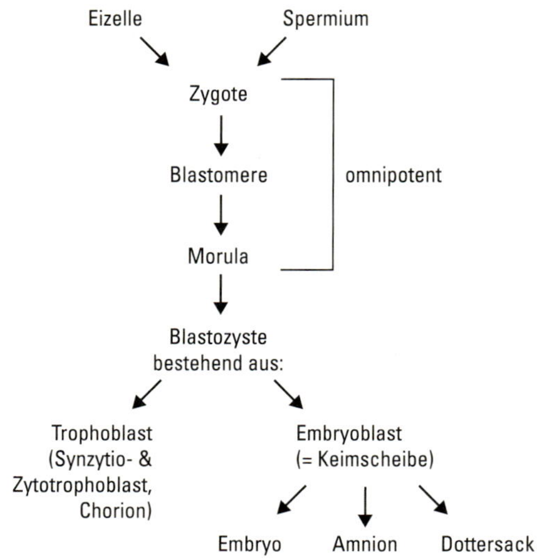

Abb. 1: Zelldifferenzierung

medi-learn.de/6-ana1-1

1.2.2 Entstehung der Keimzellen

Etwa in der 2. Entwicklungswoche bildet der Embryo ein flüssigkeitsgefülltes Säckchen vor dem Bauch aus, den (sekundären) Dottersack. In den Zellen der Dottersackwand beginnt die Blutbildung. Aus der Wand des Dottersacks wandern einige Zellen amöboid in den Embryo ein. Diese Zellen bezeichnet man auch als Urkeimzellen. Sie wandern in die Gonadenanlage ein und entwickeln sich, je nach Geschlecht des Embryos, zu Oozyten oder Spermatozyten weiter.

Der Dottersack spielt beim physiologischen Nabelbruch (s. Abb. 20, S. 61) eine wichtige Rolle.

Berücksichtigt man die Entwicklungsstadien der Zellen im Allgemeinen, so lässt sich sagen, dass Keimzellen u. a. entstehen können aus

- Blastomeren,
- Embryoblastenzellen und
- Zellen der Dottersackwand.

Alle Zellen, aus denen Keimzellen entstehen können, bezeichnet man auch als zugehörig zur **Keimbahn**. Keimzellen entstehen dagegen NICHT aus Trophoblastenzellen. Trophoblastenzellen bilden ausschließlich die Zellen der Plazenta (s. Abb. 1, S. 2).

Übrigens ...
Zur Präimplantationsdiagnostik (PID) nutzt man entweder die omnipotenten Zellen der Blastomeren/Morula oder die pluripotenten Zellen des Embryoblasten.

Oogenese (Entwicklung der Eizelle)

Eine Eizelle hat zwei verschiedene Bezeichnungen, die vom Chromosomensatz der Eizelle abhängen:

- **primäre Oozyten** weisen den doppelten Chromosomensatz auf,
- **sekundäre Oozyten** den halben.

Die Bezeichnung des Follikels (Primordial-, Primär-, Sekundär-, Tertiär- und Graaf-Follikel) beschreibt das histologische Aussehen und das Reifestadium des Follikels (s. Abb. 2, S. 4).

Reifeteilungen der Oozyte: In der frühen Fetalperiode erfolgt eine starke Vermehrung der Oogonien. Noch vor der Geburt starten die primären Oozyten mit der ersten Reifeteilung, und dann kommt das Päuslein – inmitten der ersten Reifeteilung (Meiose I). Diese Pause dauert bis kurz vor dem jeweiligen Eisprung, da erst zu diesem Zeitpunkt die erste Reifeteilung beendet wird. Man nennt diese Ruhephase Diktyotän. Während des Eisprungs beginnt die zweite Reifeteilung. Diese wird nur beendet, wenn die Eizelle befruchtet wird. Für die Oogenese des Menschen gilt daher:

- Die Oozyten verbleiben im Zeitraum vor der Geburt bis zur Pubertät – bzw. bis kurz vor dem Eisprung der einzelnen Oozyte – in der Prophase der Meiose I.
- Während eines Zyklus vollendet jeweils eine Oozyte die Meiose I und tritt vor der Ovulation in die Meiose II ein.
- Während die Meiose II noch im Gang ist, kommt es bereits zur Ovulation.
- Die Meiose II wird nur beendet, wenn es zur Befruchtung der Eizelle kommt.

Da aus einer primären Oozyte nur EINE reife Oozyte entsteht, bleiben bei jeder Reifeteilung Chromosomen übrig. Diese werden als **Polkörperchen** am Rand der Eizelle abgelagert und haben keine weitere Funktion.

Histologie der Oozyte: Jede Oozyte ist von Anfang an von einer Zellmembran – der **Zona pellucida** (Eihaut) – umgeben; sie wird erst im Blastozystenstadium vom Trophoblasten ersetzt.

- Der Primordialfollikel weist ein einschichtig flaches, der Primärfollikel ein einschichtig kubisches Epithel auf.
- Der Sekundärfollikel weist ein mehrschichtiges Epithel (Follikelepithel = Stratum granulosum) und eine Theca folliculi auf.
- Der Tertiärfollikel (Graaf-Follikel) bildet eine Follikelhöhle aus; die eigentliche Eizelle liegt auf einer Art Zellhügel, dem Cumulus oophorus. Der reife Follikel weist zusätzlich eine Theca externa und eine Theca interna (wichtigste Produktionsquelle für Östrogene) auf.

Im Graaf-Follikel liegt der Eizelle die Zona pellucida unmittelbar an, gefolgt von der Corona radiata, der Theca interna und der Theca externa.

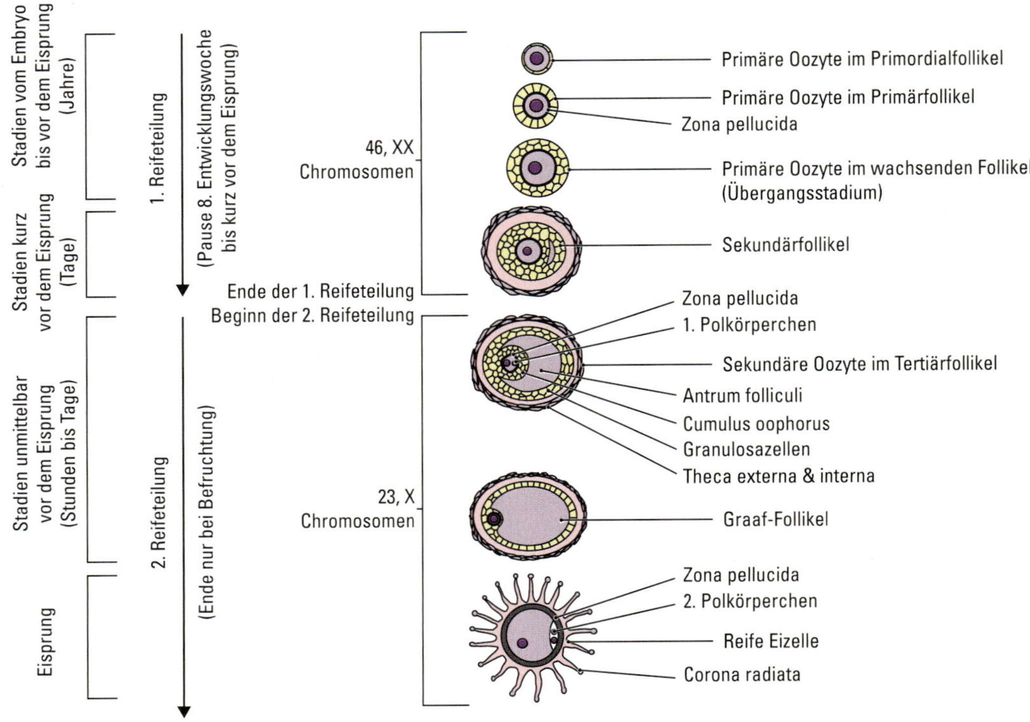

Abb. 2: Oogenese und reife Eizelle *medi-learn.de/6-ana1-2*

Übrigens ...
Manche Bücher (allerdings NICHT die Fragen des schriftlichen Examens) zählen den sprungreifen Follikel als Quartärfollikel extra auf. In den Physikumsfragen steht in der Regel einfach „sprungreifer Follikel".

Beim Eisprung lösen sich einige Follikelepithelzellen und Bindegewebe mit ab und umgeben die Eizelle zu **Beginn der Tubenwanderung** als **Corona radiata**. Eine eigenständige Aufgabe hat diese Corona nicht. Die sie bildenden Zellen werden im weiteren Verlauf der Tubenwanderung einfach abgeschilfert. Bei der Ovulation durchbricht die Oozyte folgende Schichten:
- die Granulosa-Zellschicht,
- die Theca interna,
- die Theca externa und
- das Peritonealepithel (Ovarialepithel).

Die **Corona radiata** und die **Zona pellucida** aber umgeben die Eizelle und werden somit bei der **Ovulation NICHT** durchbrochen (dafür dann aber später vom Spermium).

Übrigens ...
Der menschliche Keim ist von seiner Entstehung bis kurz vor seiner Implantation von der Zona pellucida umgeben.

Spermatogenese

Die Bezeichnung **primäre** und **sekundäre** Spermatozyte bezeichnet genau wie bei der Eizelle, den Chromosomensatz:
- Primäre Spermatozyten haben einen doppelten Chromosomensatz,
- sekundäre Spermatozyten einen halben.

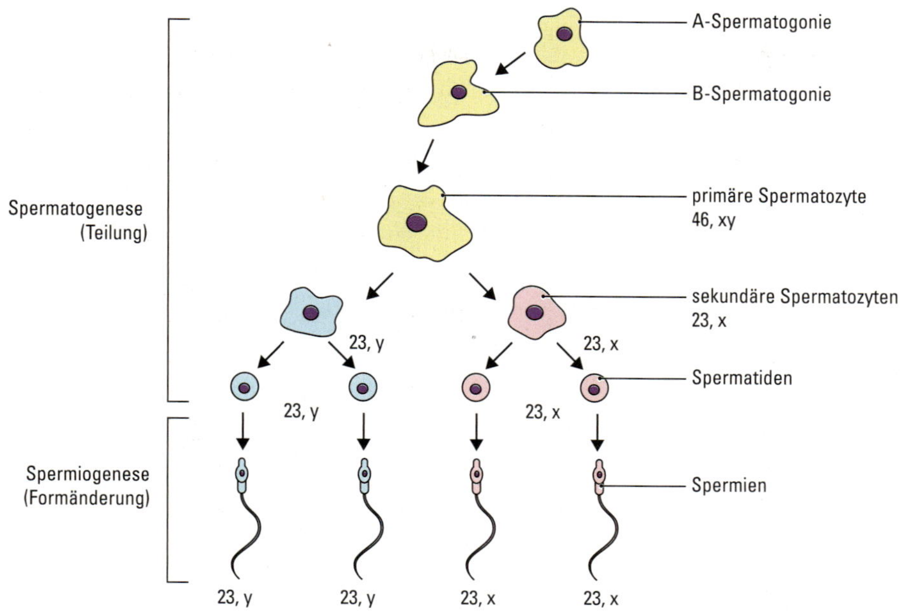

Abb. 3 a: Spermato- und Spermiogenese *medi-learn.de/6-ana1-3a*

Im Gegensatz zu den Oozyten beginnen die Spermatozyten erst in der **Pubertät** mit der Reifeteilung und es werden keine Pausen während oder zwischen den Teilungen gemacht. Außerdem entstehen aus einer Spermatogonie vier Spermien (s. Abb. 3 a, S. 5).

Übrigens ...
Den Zeitraum der Teilung bezeichnet man als **Spermatogenese**, den Zeitraum der Differenzierung der Form als **Spermiogenese**.

Vom Kopf bis zum Schwanz enthält ein Spermium folgende Strukturen:
- das Akrosom befindet sich an der Spitze des Kopfes,
- ebenfalls im Kopf befindet sich der Chromosomensatz (23, X oder 23, Y),
- im Spermienhals sitzt das Zentriol,
- im Schwanz findet man die Mitochondrien und
- ebenfalls im Schwanz sitzen die Mikrotubuli.

Neben dieser Einteilung kann man den Schwanz des Spermiums auch in Haupt-, Mittel- und Endstück gliedern. In den reifen Spermien befinden sich die Mitochondrien vorwiegend im Mittelstück (ein Teil des Schwanzes), die Mikrotubuli dagegen im Hauptstück (ebenfalls ein Teil des Schwanzes). Das letzte Stück des Spermiums bezeichnet man auch als Endstück (s. Abb. 4 a, S. 11).

Die am Kopf des Spermiums lokalisierten **Akrosomen** sind **Lysosomenäquivalente**. Die lysosomalen Enzyme benötigt das Spermium für die **Imprägnation** (sein Eindringen in die Eizelle).

Von der Spermatogonienteilung bis zur Einlagerung befruchtungsfähiger Spermatozoen im Speicher des Nebenhodens vergehen ca. **64 – 80 Tage** oder in Wochen gesprochen: ca. **9 – 11 Wochen**.

Merke!

In 80 Tagen durch den Hoden.

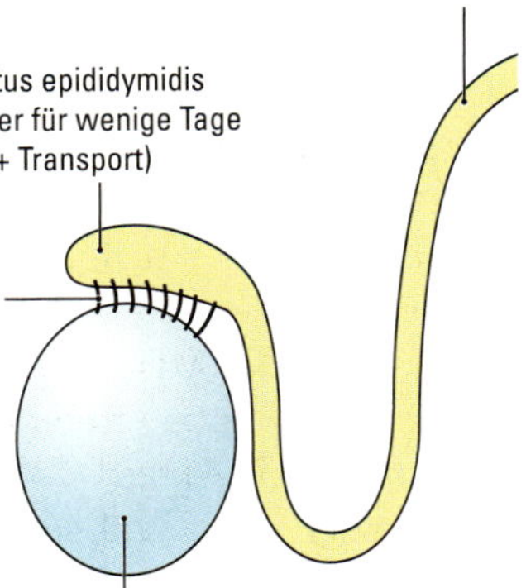

Abb. 3 b: „Wanderung" der Spermien

medi-learn.de/6-ana1-3b

Die Teilung und Differenzierung der Spermatogonien findet in den **Tubuli seminiferi** statt. Über die **Ductuli efferentes** und die dort ansässigen **Kinozilien** erfolgt der Transport der Spermien in den **Ductus epididymidis** (**Nebenhoden**). Dort befinden sich **Stereozilien**, an die sich die Spermien „andocken" und in einer **Säurestarre** gehalten werden. Die unreifen Spermien wandern ca. 14 Tage durch den Nebenhoden und sind erst dann zu Bewegungen fähig. Nach wenigenTagen werden die Spermien dann dort entweder über den **Ductus deferens** (hat drei Muskelschichten) nach außen abgegeben oder von Gewebsmakrophagen abgebaut (s. Abb. 3 b, S. 6).

DAS BRINGT PUNKTE

Beim Thema **Embryonalentwicklung** sind sowohl die Einteilung der **pränatalen Zeit** als auch die Unterscheidung zwischen **Embryonal- und Schwangerschaftswochen** für das schriftliche und das mündliche Examen sehr wichtig. So sind z. B. die Aussagen richtig, dass

- die Organogenese in der 2.–8. Entwicklungswoche stattfindet.
- die Organogenese in der 4.–10. Schwangerschaftswoche stattfindet.

Hat man Abb. 1, S. 2 verstanden, so lassen sich sehr viele verschiedene Embryo-Fragen beantworten. Daher ist es sehr lohnend, sich diese Abbildung einzuprägen.

Was die **Keimzellentwicklung** betrifft, solltest du dir fürs Schriftliche merken, dass

- zur Keimbahn (Zellen, aus denen Keimzellen entstehen können) u. a. Zygote, Blastomere, Morula, Embryoblast und die Zellen des Dottersacks zählen und
- aus Zellen mit der Endung „-trophoblast" nur die Plazenta und somit auch das Chorion, aber keine Strukturen im Embryo entstehen.

Die **Oogenese** und die **Spermatogenese** werden häufig im Schriftlichen gefragt, gerne auch im Rahmen einer Listenfrage.

Die am häufigsten gefragten Lösungen sind hier noch einmal aufgeführt:

- Eizellen beginnen in die erste Reifeteilung einzutreten am Ende der Embryonalperiode/Anfang der Fetalperiode.
- Die Oozyten verbleiben im Zeitraum vor der Geburt bis zur Pubertät in der Prophase der Meiose I.
- Vor der Ovulation treten die Oozyten in die Meiose II ein.
- Zum Zeitpunkt der Besamung (darunter wird im schriftlichen Physikum der Geschlechtsakt verstanden) ist die Meiose II noch nicht abgeschlossen.
- Die zweite Reifeteilung wird nur bei Befruchtung der Eizelle beendet.

Zur **Spermatogenese** werden vor allem drei verschiedene Sachverhalte immer wieder gefragt:

- Spermatogonien beginnen in der Pubertät in die erste Reifeteilung einzutreten.
- Die Aufgabe des Akrosoms ist es, das Eindringen des Spermiums in die Eizelle zu ermöglichen.
- Die Spermatogenese dauert 80 Tage bzw. 9–11 Wochen.

FÜRS MÜNDLICHE

Zur Einstimmung auf dieses Skript folgen hier die ersten Fragen zur Entwicklungsgeschichte und Plazentation. Überprüfe dein Wissen alleine oder in der Lerngruppe:

1. **Bitte erläutern Sie, was Somiten sind.**
2. **Erläutern Sie bitte den Unterschied zwischen Entwicklungs- und Schwangerschaftswochen.**
3. **Bitte erklären Sie, was eine Zygote ist.**
4. **Erklären Sie bitte, welche Zellen zur Keimbahn gehören.**
5. **Bitte erläutern Sie, wann der Embryo schon in etwa das Aussehen des späteren Kindes hat.**

FÜRS MÜNDLICHE

6. **Bitte erklären Sie, was die Bezeichnungen „primäre und sekundäre Oozyte" beschreiben.**
7. **Erläutern Sie bitte, was die Bezeichnung des Follikels beschreibt.**
8. **Erläutern Sie, wann die zweite Reifeteilung beendet wird.**
9. **Bitte erklären Sie, was mit Spermato-, was mit Spermiogenese bezeichnet wird.**
10. **Welche Unterschiede in der weiblichen und männlichen Keimzellenentwicklung kennen Sie?**

---

1. Bitte erläutern Sie, was Somiten sind.
Somiten sind würfelförmige Segmente, die in etwa ab der 3. Entwicklungswoche entstehen. Aus ihnen entsteht ein Dermatom, ein Myotom und ein Sklerotom.

2. Erläutern Sie bitte den Unterschied zwischen Entwicklungs- und Schwangerschaftswochen.
Mit Entwicklungswochen bezeichnet man die Zeit post conceptionem, also nach der Befruchtung. Mit Schwangerschaftswochen bezeichnet man die Zeit post menstruationem, also nach dem ersten Tag der letzten Regelblutung. Die Differenz zwischen den beiden Zeitangaben beträgt zwei Wochen.

3. Bitte erklären Sie, was eine Zygote ist.
Eine Zygote ist die erste Struktur, die nach der Vereinigung von Eizelle und Spermium nach der Teilung entsteht. Mit Zygote wird also das Zweizellstadium bezeichnet.

4. Erklären Sie bitte, welche Zellen zur Keimbahn gehören.
Die Zellen der Zygote, der Blastomere, der Morula, des Embryoblasten, des Dottersacks und die Urkeimzellen.

5. Bitte erläutern Sie, wann der Embryo schon in etwa das Aussehen des späteren Kindes hat.
Am Ende der Embryonalperiode (etwa in der 8. Entwicklungswoche) hat der Embryo zwar nur eine Größe von 3 cm, aber schon in etwa die äußere Körperform des späteren Kindes. Kenntnisse über die Oogenese werden auch gerne im Mündlichen verlangt. Hier sollte man die Oogenese in wenigen Worten treffend wiedergeben können.

6. Bitte erklären Sie, was die Bezeichnungen „primäre und sekundäre Oozyte" beschreiben.
Die Bezeichnung „primäre Oozyte" legt fest, dass hier noch der diploide Chromosomensatz vorhanden ist. Bei der „sekundären Oozyte" hat die erste Reifeteilung bereits stattgefunden und es liegt nur noch der haploide Chromosomensatz vor.

7. Erläutern Sie bitte, was die Bezeichnung des Follikels beschreibt.
Die Bezeichnung des Follikels als Primordial-, Primär-, Sekundär- oder Tertiärfollikel lässt Rückschlüsse auf das Aussehen des Follikels zu:
Primordialfollikel = einschichtig flaches Epithel,
- Primärfollikel = einschichtig kubisches Epithel,
- Sekundärfollikel = Theca externa und interna, mehrere Schichten,
- Tertiärfollikel = mehrere Epithelschichten und Follikelhöhle.

8. Erläutern Sie, wann die zweite Reifeteilung beendet wird.
Die zweite Reifeteilung wird nur dann beendet, wenn die Eizelle befruchtet wird.

FÜRS MÜNDLICHE

Unbedingt parat haben sollte man im Mündlichen die Spermato- und Spermiogenese mit dem Zeitpunkt der Reifeteilungen sowie die Unterschiede zwischen der männlichen und weiblichen Keimzellentwicklung.

9. Bitte erklären Sie, was mit Spermato-, was mit Spermiogenese bezeichnet wird.

- Unter Spermatogenese versteht man im Wesentlichen den Vorgang der Zellteilung.
- Unter Spermiogenese die sich anschließende Zellreifung mit der Änderung der äußeren Form bis hin zur Entstehung des fertigen Spermiums.

10. Welche Unterschiede in der weiblichen und männlichen Keimzellenentwicklung kennen Sie?

- Die weibliche Zellteilung beginnt bereits am Ende der Embryonal-/Anfang der Fetalperiode, die männliche erst ab der Pubertät.
- Aus einer weiblichen Urkeimzelle entsteht eine reife Eizelle, aus einer männlichen Urkeimzelle entstehen vier reife Spermien.
- Die Spermien beenden ihre zweite Reifeteilung immer, die Eizellen nur bei der Befruchtung.

Mehr Cartoons unter www.medi-learn.de/cartoons

Pause

Erste Pause! Hier was zum Grinsen für Zwischendurch ...

1.3 Vereinigung von Eizelle und Spermium

Oder: Was genau passiert beim Akt? Zunächst einmal ist der Akt wirklich ein Akt – zumindest für die Spermien. Die müssen nämlich auf dem Weg zu der Eizelle einige Hindernisse überwinden und viele Gefahren überstehen, was für viele tödlich endet. Außerdem hat das Spermium es ziemlich eilig, denn es bewegt sich mit 3 mm/h auf die Eizelle zu, diese ist jedoch nur 12 Stunden befruchtungsfähig. Daher machen sich die Spermien (die mehrere Tage in der Frau überleben können) am besten schon 1 Tag vor der Ovulation auf den Weg, wenn die Befruchtung sicher gelingen soll.

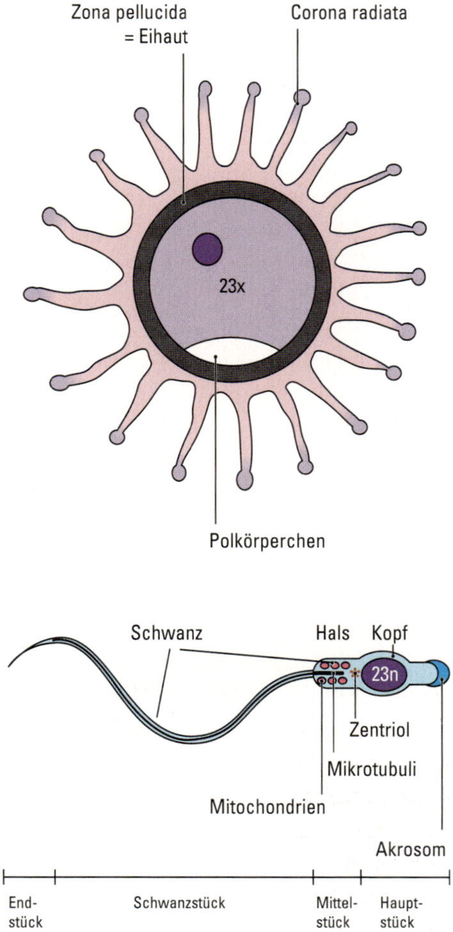

Abb. 4 a: Eizelle und Spermium

medi-learn.de/6-ana1-4a

Hat es ein Spermium – trotz aller Widrigkeiten – bis zum Ziel seiner Wünsche geschafft, so durchdringt es mit Hilfe seines Akrosoms auf seinem Weg zur Eizelle zunächst die **Corona radiata** und dann die **Zona pellucida** (s. Abb. 4 a, S. 11 und Abb. 4 b, S. 11).

Während dieses Vorgangs wird auch die **zweite Reifeteilung beendet**. Nach der **Imprägnation** (dem Eindringen des Spermienkopfs in die Eizelle) beginnt die **Vorembryonalperiode**. Dabei entsteht in der Tuba uterina zunächst die **Zygote** (Zweizellstadium), dann die **Blastomeren**, die **Morula** und die **Blastozyste**. Die Einnistung (Nidation) in das Stratum functionale des Uterus der Blastozyste erfolgt nach ca. **6–7 Tagen**. Mit der Einnistung der Blastozyste erfolgt die Differenzierung des Trophoblasten zum **Synzytio**- und zum **Zytotrophoblasten**. Eine erste Differenzierung der Zellen findet bei Erreichen des Blastozystenstadiums statt (s. Abb. 1, S. 2 und Abb. 5, S. 12).

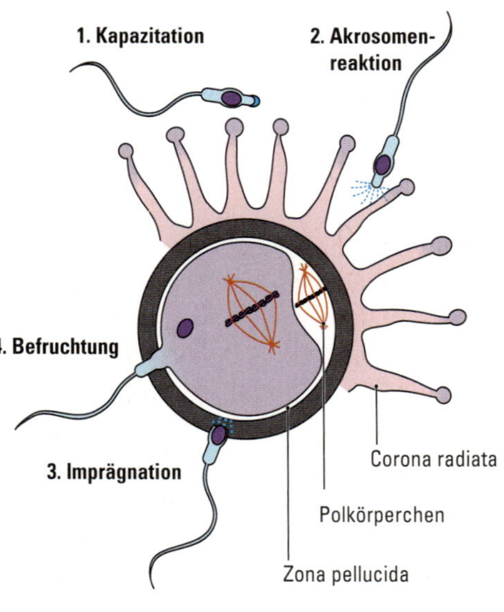

Abb. 4 b: Darstellung der einzelnen Schritte des Eindringens des Spermiums in die Eizelle

medi-learn.de/6-ana1-4b

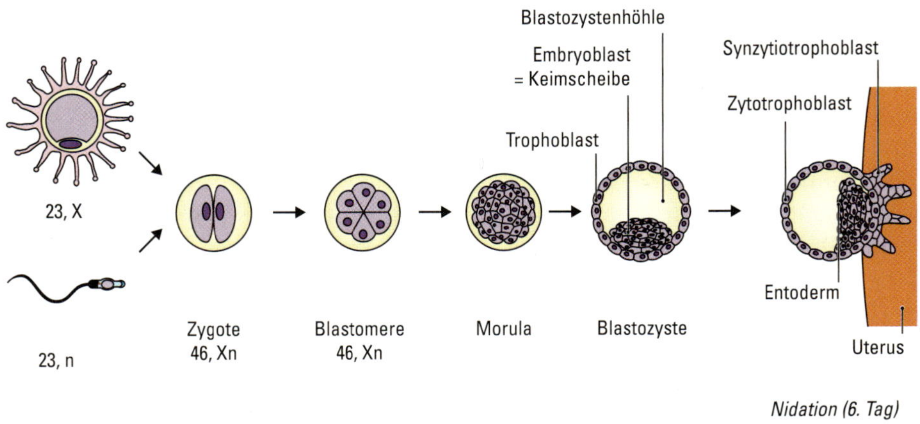

Abb. 5: Zelldifferenzierung medi-learn.de/6-ana1-5

1.4 Einnistung der befruchteten Eizelle

Nach abgeschlossener intenstitieller Implantation (7. Tag) befindet sich die Blastozyste in der **Zona compacta** des Endometriums. Die Wand des Uterus kann man einteilen in das

- **Stratum functionale**, das während der Regelblutung abgestoßen wird und aus dem **Epithel** (einschichtig, wäre daher etwas schmal für die Einnistung), der Zona **compacta** und der **Zona spongiosa** besteht,
- **Stratum basale**, von dem aus nach jeder Blutung die Regeneration des Endometriums stattfindet (diese Schicht wird also weder bei der Regelblutung abgestoßen noch von der Plazenta oder dem Lysozym der Synzytiotrophoblasten angegriffen) und
- **Myometrium**.

Die Blastozyste nistet sich meist an der Hinterwand des Uterus ein, schließlich kommt sie dort auch als erstes vorbei, wenn sie die Tube verlässt ...

1.5 Entwicklung des Gelbkörpers

Nach dem Eisprung (durch Stimulation mit FSH aus der Hypophyse sowie dem LH-Anstieg) bleiben die Follikelepithelzellen und die Granulosazellen im Ovar zurück. Durch Vaskularisierung und Einblutung entsteht im Ovar aus den Granulosazellen zunächst ein **Corpus rubrum** (heißt tatsächlich wegen des vermehrten Blutgehalts so). Unter Einfluss von LH (ebenfalls aus der Hypophyse) wird dann innerhalb von wenigen Tagen durch die Zellen des Corpus rubrum Progesteron gebildet und es entsteht das **Corpus luteum menstruationis**. Da sich zu diesem Zeitpunkt die befruchtete oder auch nicht befruchtete Eizelle noch irgendwo mitten in der Tubenwanderung befindet und gar nicht klar ist, ob eine Schwangerschaft entsteht, heißt der progesteronproduzierende Körper also erstmal Corpus luteum menstruationis; er wird durch **LH** stimuliert. Hat eine Befruchtung der Eizelle stattgefunden, so wird durch Stimulation von **HCG** (humanes Chorion-Gonadrotopin) im Corpus luteum weiter Progesteron gebildet und man nennt den Gelbkörper dann **Corpus luteum graviditatis**. Das HCG stammt aus dem Synzytiotrophoblasten der befruchteten Eizelle, die zwischenzeitlich (ungefähr nach einer Woche) im Uterus angekommen ist und sich in der Pars compacta eingenistet sowie eine Plazenta ausgebildet hat. Lassen die Stimulation durch LH und/oder FSH dagegen nach (wenn KEINE Befruchtung stattgefunden hat und sich daher auch KEINE befruchtete Eizelle einnistet und HCG produziert), so degeneriert der Gelbkörper zum **Corpus albicans**, ebenso am Ende der Schwangerschaft.

Übrigens ...
10 Tage nach dem Eisprung liegt KEIN Corpus rubrum mehr vor, sondern ein Corpus luteum. Außerdem finden sich im Ovar natürlich auch Corpora albicans (von vorausgegangenen Zyklen) sowie tertiäre (für weitere Zyklen) und atretische Follikel.
Ab der Mitte der Schwangerschaft produziert auch der Synzytiotrophoblast Progesteron; gegen Ende der Schwangerschaft übernimmt er die Progesteronproduktion sogar ganz.

1.6 Plazenta

Die Plazenta entsteht aus dem Trophoblasten der Blastozyste. Dieser differenziert sich zum Synzytiotrophoblasten und zum Zytotrophoblasten.

1.6.1 Synzytiotrophoblast

Der Synzytiotrophoblast bildet ein echtes Synzytium, d. h., er weist keinerlei Zellgrenzen und somit auch keine Schichtung auf. Er grenzt direkt an das Uterusgewebe und sezerniert lysosomale Enzyme, um die vollständige Einnistung der Blastozyste in das Stratum functionale (Pars compacta) des Uterus zu ermöglichen. Gegen Ende der Schwangerschaft besitzt das Synzytium der Plazentazotten Mikrovilli. Diese Oberflächenvergrößerung ist erforderlich, da der Synzytiotrophoblast aus dem mütterlichen Blut nicht nur Sauerstoff sondern auch jede Menge Nährstoffe für den Embryo aufnehmen muss.

Der Synzytiotrophoblast entsteht durch Teilung aus dem Zytotrophoblasten. Damit ist der Trophoblast also an der Bildung der Plazenta beteiligt. Der Synzytiotrophoblast selbst teilt sich aber NICHT.
Der Synzytiotrophoblast bestimmt in großem Maße die Barriereeigenschaften der Plazentaschranke.

Die Plazenta – genauer gesagt der Synzytiotrophoblast – produziert HCG (humanes Chorion-Gonadotropin) und ab der Mitte der Schwangerschaft auch Progesteron. Das HCG verhindert den Abbau des Corpus luteum im Ovar der Schwangeren und lässt sich in deren Urin nachweisen. Es ist ein Proteohormon; ein nicht unwichtiges Detail, das schon gefragt wurde.

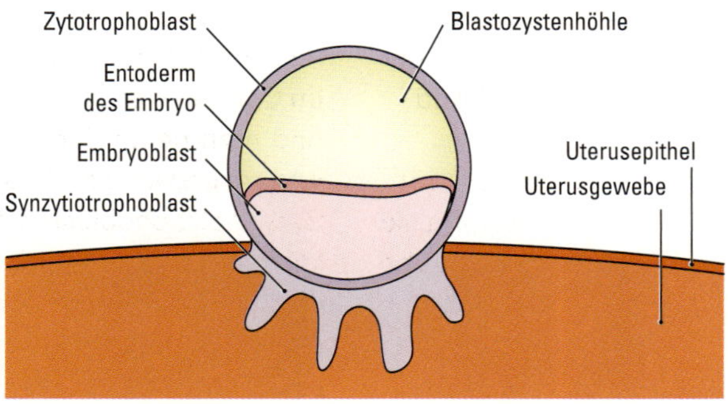

Abb. 6 a: Nidation (6. Tag) *medi-learn.de/6-ana1-6a*

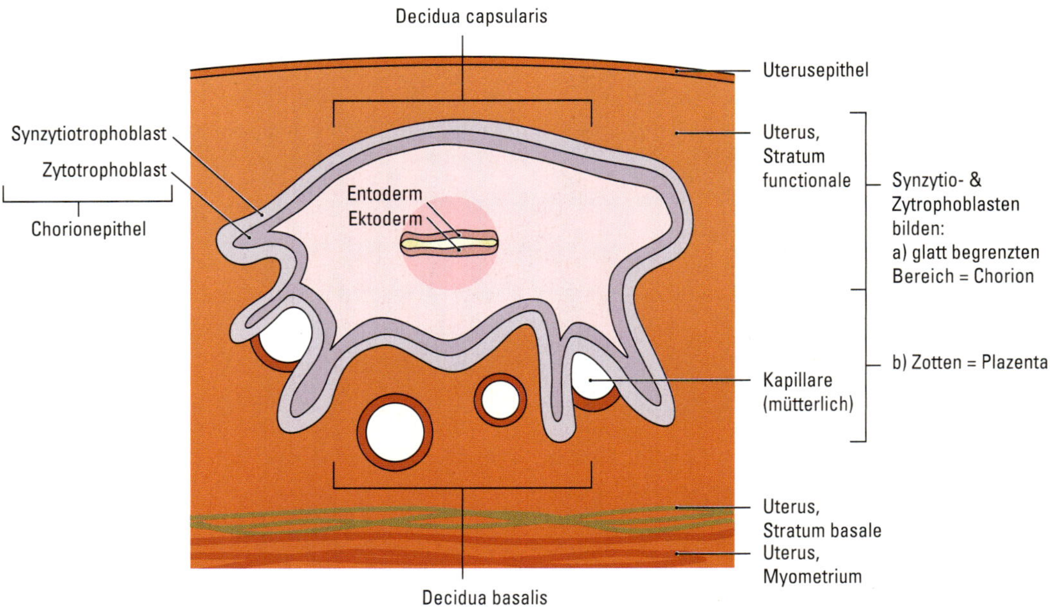

Abb. 6 b: Implantation (7. Tag) *medi-learn.de/6-ana1-6b*

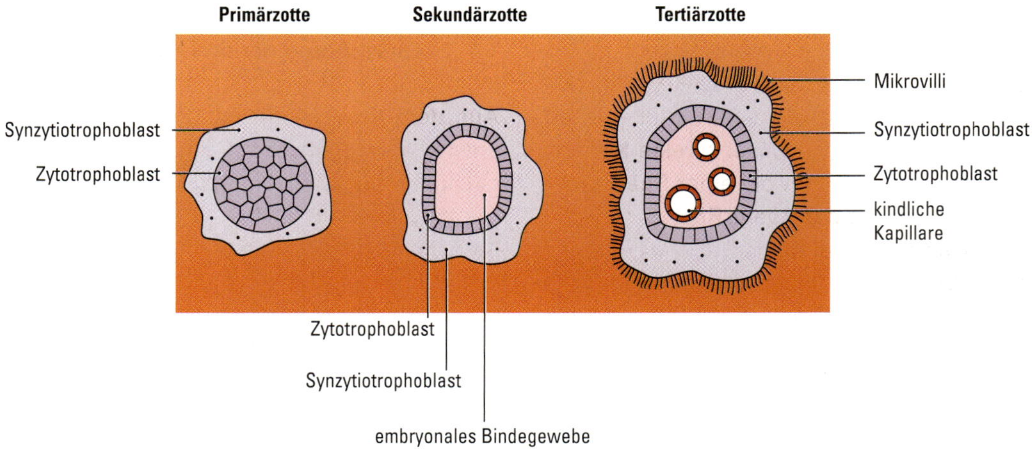

Abb. 6 c: Querschnitt durch die Plazentazotten *medi-learn.de/6-ana1-6c*

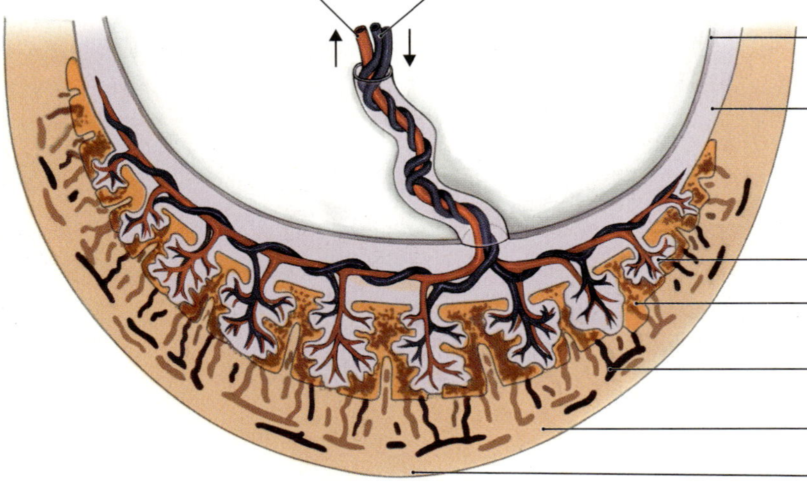

Abb. 6 d: Querschnitt durch die reife Plazenta *medi-learn.de/6-ana1-6d*

1.6.2 Zytotrophoblast

Der Zytotrophoblast liegt immer zwischen dem Synzytiotrophoblasten und dem Embryo. Er ist am Anfang (in der Primärzotte, Abb. 6 c, S. 14) mehrschichtig, in der Tertiärzotte (Endzotte) dagegen einschichtig. Zum Teil weisen seine Zotten am Ende der Schwangerschaft (Tertiärzotten) physiologische Einrisse auf, wodurch es zum direkten Kontakt zwischen den kindlichen und den mütterlichen Zellen kommen kann. Dieser direkte Kontakt birgt aber nur Gefahren bei einer Rhesus-negativen Mutter, die das zweite Rhesus-positive Kind erwartet und bei HIV o. ä. Infektionen der Mutter. Der Zytotrophoblast bildet den Synzytiotrophoblasten. Die Zytotrophoblastenzellen sind bis zum Ende der Schwangerschaft zur Teilung fähig und bilden die Synzytiotrophoblastenzellen (s. 1.6.1, S. 13).

Die Schicht aus Synzytio- und Zytotrophoblasten, die das Kind vollständig umgibt, bezeichnet man außerhalb der Plazenta auch als Chorionepithel.

Übrigens ...
Für die zytogenetische pränatale Diagnostik werden in Deutschland Zellen aus dem Fruchtwasser (Amnion- und Mesenchymzellen) und aus den Chorionzotten (Trophoblastenzellen) verwendet.

1.7 Entwicklung der drei Keimblätter

Aus dem Embryoblasten (der Keimscheibe) entwickeln sich bereits nach wenigen Tagen nacheinander die drei Keimblätter:
- das Ektoderm,
- das Entoderm und schließlich
- das Mesoderm.

Nach 16 Entwicklungstagen sind bereits alle drei Keimblätter ausgebildet.
Die Entwicklung der Keimblätter stellt eine weitere Spezialisierung der Zellen dar.

1.7.1 Ektoderm

Aus dem Ektoderm entstehen überwiegend Strukturen, die später am Körper außen liegen, wie z. B.
- die Oberhaut (Epidermis),
- die Augenlinse,
- die Sinneszellen und das Nervensystem (Neuroektoderm),
- der Zahnschmelz,
- das Epithel der Mundhöhle und der Zunge,
- der äußere Gehörgang,
- die Schweiß- und Milchdrüsen sowie
- die Mundbucht (Stom[at]odeum).

Merke!

Fast alle Strukturen, die von außen mit dem Finger berührt werden können (Haut, Epidermis, Zahnschmelz, Epithel der Mundbucht etc.) und das Neuroektoderm stammen aus dem Ektoderm.

1.7.2 Entoderm

Das Entoderm bildet die inneren Organe bzw. deren Auskleidung, wie z. B.
- die Schilddrüse,
- das Magen- und Darmepithel,
- die Leber,
- das Pankreas,
- den Thymus,
- die Tonsillen und
- die Auskleidung der Harnblase.

Entodermalen Ursprungs sind außerdem
- das Epithel der Lunge,
- das Epithel der Gallenblase,
- die Allantois(divertikel) und
- der sekundäre Dottersack.

Merke!

Aus dem Entoderm entstehen die meisten endokrinen und inneren Organe.

1.7.3 Mesoderm

Aus dem Mesoderm entstehen im Wesentlichen die Strukturen, die durch den ganzen Körper ziehen, wie z. B.
- das Bindegewebe,
- der Knochen,
- der Knorpel,
- die Blutgefäße und das Herz (entsteht aus einer Verschmelzung von zwei Gefäßen),
- das Lymphsystem und die Milz (ein überproportional großer Lymphknoten),
- die Nieren,
- die Keimdrüsen und
- die glatte Muskulatur.

Zur Beantwortung der meisten Examensfragen reicht dieses Wissen über das Mesoderm bereits aus. Man kann das Mesoderm jedoch entsprechend seiner Lage noch weiter unterteilen in

- das axiale Mesoderm, das mitten in der Keimscheibe im Bereich der späteren Wirbelsäule liegt und deshalb auch den Chordafortsatz und die Chorda dorsalis bildet (s. 1.8, S. 21).
- das paraxiale Mesoderm, das neben der Chorda dorsalis parallel zur Körperachse liegt und die würfelförmigen Segmente (Somiten, s. Abb. 6 e, S. 22) bildet. Aus dem paraxialen Mesoderm entwickeln sich
  - das Skelett (Sklerotom) der Wirbelsäule,
  - die Myoblasten (Myotom) der Extremitätenanlagen,
  - das Bindegewebe (Dermatom) der Haut und
  - das Material der Disci intervertebrales.
- das intermediäre Mesoderm, das lateral neben dem paraxialen Mesoderm liegt und die Nephrotome bildet, die über nephrogene Stränge und weitere Zwischenstufen die Nieren bilden (s. 2.8.1, S. 55).

- das laterale Mesoderm, das am weitesten lateral liegt und in der weiteren Entwicklung die primitive Leibeshöhle, das intraembryonale Zölom bildet. Aus dem intraembryonalen Zölom entstehen dann
  - die Perikardhöhle,
  - die Pleurahöhle und
  - die Peritonealhöhle mit der entsprechenden Auskleidung sowie
  - das Bindegewebe der Leibeswand und
  - die Rippen.

Merke!

Aus dem Mesoderm entstehen im Wesentlichen Strukturen, die überall im Körper vorliegen, wie Bindegewebe mit Dermis, Knochen etc.

Am Ende der Embryonalentwicklung liegt am Körper immer eine Dreischichtung vor:
- Außen liegt eine Schicht, die aus dem Ektoderm entstanden ist,
- unterlagert von einer Schicht aus dem Mesoderm und
- innen liegen die Strukturen aus dem Entoderm.

Übrigens ...

Von dieser Schichtung gibt es am menschlichen Körper nur eine einzige Ausnahme, die sich im Bereich der Pars flaccida des Trommelfells befindet: Hier liegt das Epithel des äußeren Gehörgangs (aus dem Ektoderm) direkt auf dem Epithel der Paukenhöhle (aus dem Entoderm). Eine Schicht aus Bindegewebe (aus dem Mesoderm) fehlt hier, im Gegensatz zum gesamten restlichen Körper.

DAS BRINGT PUNKTE

Zur **Vereinigung von Eizelle und Spermium** wurde insbesondere ein Satz immer und immer wieder gefragt:

- Zuerst durchdringt das Spermium auf seinem Weg zur Eizelle die Corona radiata.

Zur **Vorembryonalperiode** gab es viele unterschiedlich formulierte Fragen. Die Lösungen sind aber glücklicherweise meist die selben. Daher versprechen folgende Fakten eine gute Punkteausbeute:

- Keimzellen (können) entstehen aus der Zygote, den Blastomeren, Embryoblastenzellen und Zellen in der Dottersackwand (diese Zellen zählen auch zur Keimbahn).
- Hämatopoetische Stammzellen entwickeln sich aus dem Embryoblasten und dienen der Blutbildung.
- Trophoblastenzellen sind für die Bildung des Synzytio- und Zytotrophoblasten zuständig und bilden somit die Plazenta.
- Nach abgeschlossener Implantation befindet sich die Blastozyste in der Zona compacta des Endometriums.
- Das Corpus luteum menstruationis wird durch LH, das Corpus luteum graviditatis durch HCG zur Progesteronproduktion angeregt.

Auch zum Thema **Plazenta** gibt es sehr viele unterschiedlich formulierte Fragen, die sich aber alle im Bereich der richtigen Lösung sehr ähnlich sind. Auf der Hitliste der immer wieder auftauchenden richtigen Lösungen stehen folgende Aussagen:

- Die Zytotrophoblastenzelle ist zur Teilung fähig.
- Die Synzytiotrophoblastenzelle bildet Progesteron und weist (am Ende der Schwangerschaft) Mikrovilli auf.

Zur **Entwicklung der drei Keimblätter** solltest du wissen, dass

- das Epithel der Lunge,
- der Gallenblase,
- die Allantois(divertikel) und
- der sekundäre Dottersack entodermalen Ursprungs sind, während
- das Epithel der Mundbucht (Stom[at]odeum) genauso wie das Epithel der Milchdrüsen aus dem Ektoderm stammt.

FÜRS MÜNDLICHE

Beim Thema Gelbkörperentwicklung sollte der rhetorisch geschickte Student nicht nur die einzelnen Hormone und ihre Aufgabe kennen, sondern diese Kenntnis auch zu einem fließenden Wechsel zwischen Anatomie und Physiologie nutzen – je nachdem in welchem Fach er sich sicherer fühlt. Was Ektoderm, Mesoderm und Entoderm sind und was aus ihnen entsteht, sollte man auf alle Fälle erklären können.

1. **Bitte erläutern Sie, was LH ist.**
2. **Erklären Sie bitte, wozu Progestoron dient.**
3. **Erklären Sie, wo sich die befruchtete Eizelle einnistet.**
4. **Beschreiben Sie bitte die Entwicklung der Plazenta.**
5. **Bitte erläutern Sie, was passiert, wenn Eizelle und Spermium aufeinander treffen.**

FÜRS MÜNDLICHE

6. Bitte erklären Sie, was die Keimblätter sind.

7. Erläutern Sie bitte, wann und warum die Bestimmung des Rhesusfaktors bei Mutter und Kind wichtig sind.

8. Bitte erklären Sie, woraus das Chorionepithel besteht.

---

1. Bitte erläutern Sie, was LH ist.
LH = das luteinisierende Hormon. Es wird in der Hypophyse gebildet und stimuliert die Ovulation und indirekt den Gelbkörper. Dieser produziert dann – unter dem Einfluss von LH-Progesteron.

2. Erklären Sie bitte, wozu Progestoron dient.
Progesteron bereitet die Uterusschleimhaut auf die Einnistung der befruchteten Eizelle vor und verhindert die Abstoßung der Schleimhaut. Ein Progesteron"entzug" führt zur Blutung durch Abstoßung der Schleimhaut.

3. Erklären Sie, wo sich die befruchtete Eizelle einnistet.
Am häufigsten an der Hinterwand des Uterus und dort in der Zona compacta des Stratum functionale.
Die Wand des Uterus besteht aus:
- Stratum functionale (aus dem Epithel, der Zona compacta und der Zona spongiosa),
- Stratum basale und
- dem Myometrium.

4. Beschreiben Sie bitte die Entwicklung der Plazenta.
Die Entwicklung der Plazenta beginnt mit der Morula. Die Morula entwickelt sich weiter zur Blastozyste, die man in den Trophoblasten und den Embryoblasten untergliedern kann. Aus dem Trophoblasten entwickeln sich der Synzytio- und der Zytotrophoblast, die man später auch zum Chorionepithel zusammenfasst.

5. Bitte erläutern Sie, was passiert, wenn Eizelle und Spermium aufeinander treffen.
Das Spermium durchdringt mit Hilfe seines Akrosoms auf seinem Weg zur Eizelle die Corona radiata und dann die Zona pellucida, währenddessen wird auch die zweite Reifeteilung beendet. Nach der Imprägnation beginnt die Vorembryonalperiode. Es entsteht zuerst die Zygote, dann die Blastomeren, die Morula und die Blastozyste. Die Einnistung der Blastozyste erfolgt nach ca. 6-7 Tagen. Anschließend beginnt die Embryonalperiode.
Bitte erklären Sie, was die Keimblätter sind.
Der Embryoblast (Keimscheibe) entwickelt sich weiter in die drei Keimblätter Ektoderm, Entoderm und Mesoderm. Aus dem Ektoderm entsteht neben der Haut z. B. auch das Nervensystem, aus dem Mesoderm u. a. Blut- und Lymphgefäße, Muskeln, Knochen sowie Bindegewebe und aus dem Entoderm das Epithel vieler innerer Organe.

6. Erläutern Sie bitte, wann und warum die Bestimmung des Rhesusfaktors bei Mutter und Kind wichtig sind.
Zum Teil weisen die Zotten am Ende der Schwangerschaft physiologische Einrisse auf, wodurch es zum direkten Kontakt zwischen den kindlichen und den mütterlichen Zellen kommen kann. Dieser direkte Kontakt birgt zum einen Gefahren bei einer Rhesus-negativen Mutter, die das zweite Rhesus-positive Kind erwartet, da sie bereits während der ersten Schwangerschaft Antikörper gegen den Rhesusfaktor gebildet haben kann, zum anderen bei HIV, HepC o. ä. Infektionen der Mutter, die so übertragen

werden können. Eventuell ist dann eine frühzeitige Entbindung durch einen Kaiserschnitt zur Minimierung der Risiken indiziert.

7. Bitte erklären Sie, woraus das Chorionepithel besteht.
Aus dem Trophoblasten der Blastozyste entsteht eine Schicht aus Synzytio- und Zytotrophoblasten, die das Kind vollständig umgibt. Ein Teil bildet viele fingerförmige Ausstülpungen und ist wesentlich dicker; diesen Teil bezeichnet man als Plazenta. Den übrigen Teil der Synzytio- und Zytotrophoblasten bezeichnet man außerhalb der Plazenta auch als Chorionepithel.

Mehr Cartoons unter www.medi-learn.de/cartoons

Pause

Soviel zum Thema Nabelschnur ...
Kurze Pause ...

1.8 Veränderungen der Keimscheibe während der Entwicklung

Auf der glatten Keimscheibe bildet sich ab dem Ende der 3. Entwicklungswoche eine Rinne (der Primitivstreifen) aus, die von kaudal bis zur Mitte der Keimscheibe nach kranial reicht. In der Mitte der Keimscheibe (am Ende des Primitivstreifens) beginnt sich der **Primitivknoten** auszubilden, in dessen Mitte sich die **Primitivgrube** (eine Einsenkung) entwickelt. Die Primitivrinne wird durch eine epithelial-mesenchymale Umwandlung gebildet. Bis hierher ist also alles noch recht primitiv ... Doch jetzt geht's los: Die Mesodermzellen formieren sich zu einer wulstartigen Struktur mit Lumen, dem **Chordafortsatz**. Er liegt im Bereich der späteren Körperachse und entwickelt sich nach dem Verschluss des Lumens zur **Chorda dorsalis**. Die Chorda dorsalis sezerniert Chordin und Noggin und **induziert** die Entwicklung der Wirbelsäule, sie **bildet** jedoch lediglich den Nucleus pulposus der Bandscheibe.

Im kaudalen Bereich der Keimscheibe liegen zunächst Ento- und Ektoderm noch direkt aufeinander, hier entsteht die **Kloakenmembran**, aus der sich später die Anal- und die Urogenitalregion entwickeln. Das **Allantois-Divertikel** (Allantois = Urharnsack, s. 1.9, S. 23) liegt ebenfalls in diesem Bereich.

Der **Canalis neurentericus**, der auch als Axialkanal bezeichnet wird, entsteht am 18. Tag durch Verschmelzung des Chordafortsatzes mit dem darunter liegenden Entoderm. Er hat seinen dorsalen Eingang im Bereich der Primitivgrube und ist ein kleiner Kanal, der vorübergehend den **Dottersack mit der Amnionhöhle** verbindet. Der **Canalis neurentericus** bildet sich nach wenigen Tagen zurück.

Merke!

Der Canalis neurentericus (Axialkanal) ist trotz seines irreführenden Namens NICHT an der Entwicklung oder Entstehung des Nervensystems beteiligt.

Im Ektoderm bildet sich zur selben Zeit (in der 3. Entwicklungswoche) zunächst aus dem Neuroektoderm eine **Neuralplatte** für die Entstehung des Nervensystems. Sie entwickelt sich über eine Neuralfalte und eine Neuralrinne schließlich zum **Neuralrohr**. Das Neuralrohr weist zu Beginn am kranialen und am kaudalen Ende noch eine Öffnung auf, den **Neuroporus anterior** bzw. **posterior**. Das Lumen des Neuralrohrs ist darüber mit der Amnionhöhle verbunden. Der Neuroporus anterior bzw. posterior verschließen sich am 25. bzw. am 27. Entwicklungstag. Zur selben Zeit entwickeln sich aus dem Neuralrohr in dessen kranialem Anteil die drei primären, ab dem 28. Tag daraus wiederum die fünf sekundären **Hirnbläschen**.

- Aus dem Neural**rohr** entsteht das **ZNS** und die neben den Neuronen für das ZNS typischen Zellen wie z. B.
  - die Astrozyten,
  - die Oligodendrozyten,
  - die Ependymzellen und
  - die Pinealozyten.
- Achtung: Mikrogliazellen sind die Makrophagen des ZNS, sie stammen aus dem Mesoderm und **nicht** aus dem Neuralrohr.
- Lateral des Neuralrohrs liegen beiderseits die Neuralleisten. Der Ursprungsort der Neuralleistenzellen liegt zwischen Oberflächenektoderm und Neuroektoderm. Sie sind die Basis für die Entstehung des **peripheren Nervensystems**:
  - vegetatives und somatisches Nervensystem,
  - die Hirnnerven (AUSSER dem I. und dem II. Hirnnerven, die zum ZNS gehören),
  - die Schwann-Zellen und
  - die zum APUD-System gehörenden chromaffinen Zellen der Paraganglien,
  - die Zellen des Nebennierenmarks und des Glomus caroticum sowie die Melanozyten.

Ab dem 26. Entwicklungstag entstehen die Kiemenbögen, die Schlundtaschen und die Schlundfurchen. Wenige Tage später entwickeln sich dann auch schon die Augenknospe

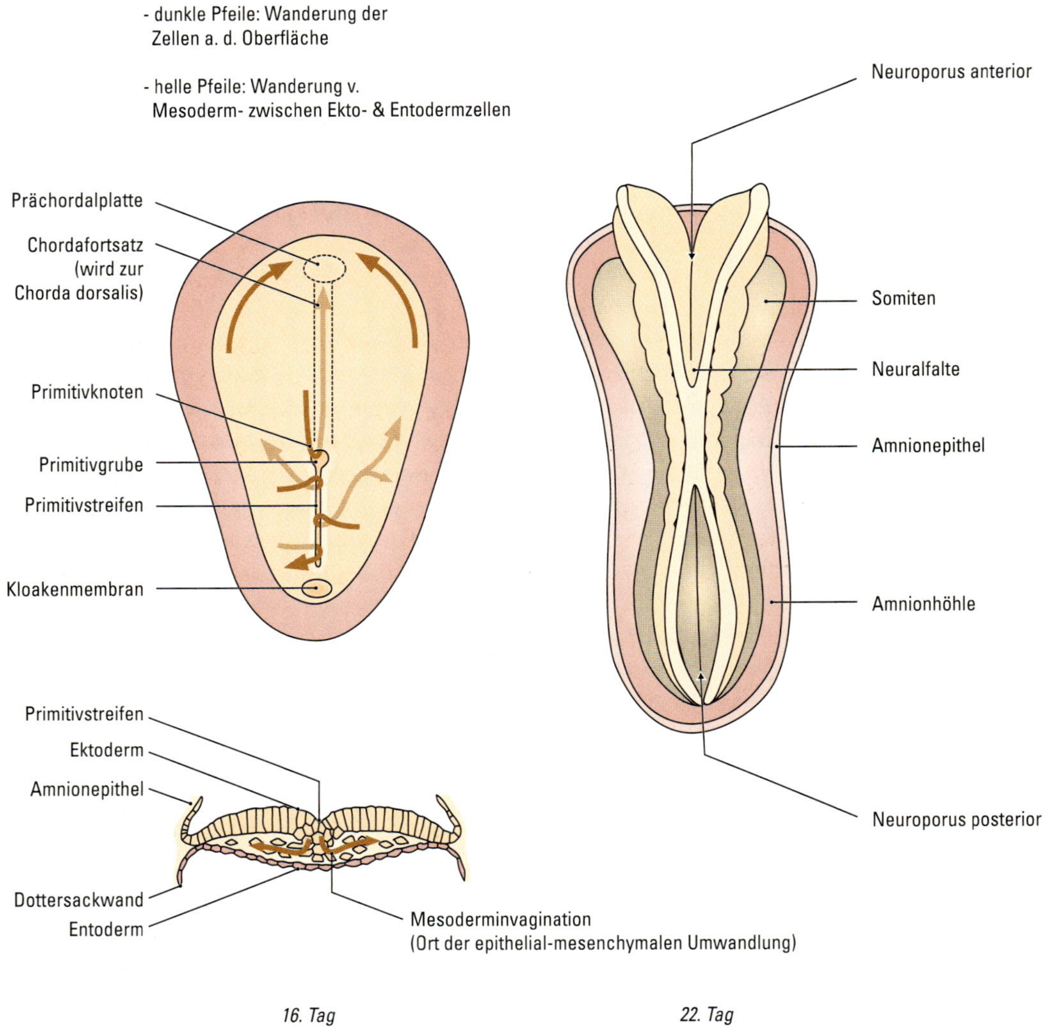

Abb. 6 e: Veränderungen der Keimscheibe während der Entwicklung *medi-learn.de/6-ana1-6e*

und die Ohrplakode sowie die Arm- und Beinknospen. Die Gesichtsentwicklung beginnt ab der 4. Entwicklungswoche und ungefähr zwei Entwicklungswochen später beginnt der physiologische Nabelbruch.
Mit der Abfaltung des Embryos von der Keimscheibe gegen Ende der 3. Woche beginnt
- die Nabelbildung,
- der Descensus des Herzens,
- die Überführung der seitlichen Coelompforten in das Nabelcoelom und
- die Trennung der intraembryonalen Darmanlage vom Dottersack.

Merke!

Eine einblättrige Keimscheibe liegt während der ersten Woche vor, eine zweiblättrige Keimscheibe in der zweiten Woche und eine dreiblättrige Keimscheibe in der dritten Woche.

Übrigens ...
Im ersten Entwicklungsmonat entwickeln sich die Strukturen des Keimblatts, im zweiten Monat beginnen sich bereits die Organe und die defi-

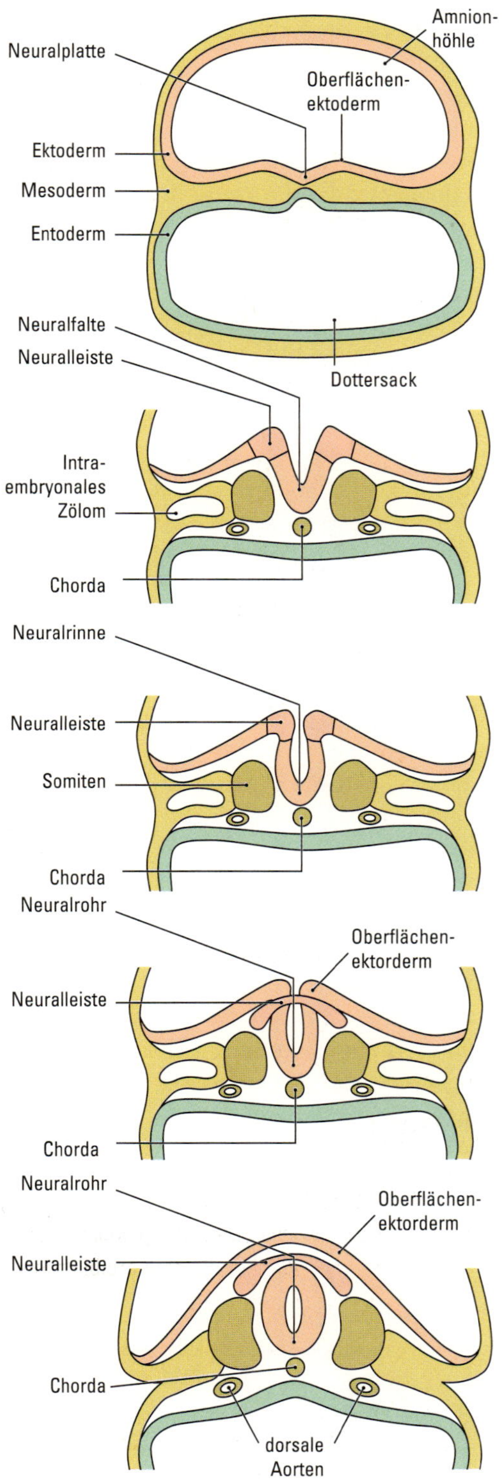

Abb. 6 f: Entwicklung des Nervensystems

medi-learn.de/6-ana1-6f

nitive Form des Kindes abzuzeichnen, am Ende des 2. Entwicklungsmonats hat der Embryo bereits Arme, Beine, Kopf, Augen etc. und das alles bei einer Scheitel-Steiß-Länge von nur ca. 30 mm!

1.9 Höhlen in und um den Embryo

So ein Embryo ist von einer Menge Höhlen umgeben, was das Lernen leider etwas erschwert. Daher sollte man sich zum einen zunächst Abb. 7, S. 25 in Ruhe ansehen, dann weiß man schon einmal, wo die Höhle liegt, von der gerade die Rede ist, zum anderen hilft vielleicht auch die folgende kurze Übersicht:

- Blastozystenhöhle = Hohlraum in der Blastozyste.

Um die Keimscheibe entwickelt sich nach Entstehung der ersten beiden Keimblätter ein von ihr unterteilter Hohlraum:

- an der entodermalen Seite der **primäre Dottersack** (geht später in den sekundären über),
- an der ektodermalen Seite die **Amnionhöhle** (die spätere Fruchtblase). Um diese Höhlen herum liegt ein weiterer Hohlraum, das **extraembryonale Zölom** (extraembryonale Leibeshöhle). Das extraembryonale Zölom (der Hohlraum um den Embryo herum) enthält anfangs kleine Zysten, die **Exozölzysten** genannt werden.
- Nach der Rückbildung der Exozölzysten wird das extraembryonale Zölom (der Hohlraum, der den Embryo umgibt) **Chorionhöhle** genannt.
- **Amnionhöhle** heißt die spätere Fruchtblase.
- (sekundärer) **Dottersack** heißt eine Ausstülpung unterhalb der Nabelschnur, die in die Chorionhöhle ragt.

Direkt nach der Einnistung der Blastozyste entwickelt sich die Blastozystenhöhle weiter. An der Keimscheibe entsteht im Bereich der ektodermalen und der entodermalen Seite je ein Hohlraum. An der entodermalen Seite ist dies der **primäre Dottersack** (geht später in den sekundären über), an der ektodermalen Seite die **Amnionhöhle** (die spätere Fruchtblase). Um diese Höhlen herum liegt ein weiterer Hohlraum, das **extraembryonale Zölom** (extraembryonale Leibeshöhle).

Der Begriff extraembryonales Zölom (s. Abb. 7 a, S. 25) bezeichnet den Raum um den Embryo herum während der ersten zwei Wochen (man spricht hier noch nicht von einer Fruchtblase o. ä.). In diesem Zeitraum sind zunächst noch kleine Zysten (Reste des primären Dottersacks), die **Exozölzysten**, zu sehen. Nach deren Rückbildung wird das extraembryonale Zölom **Chorionhöhle** genannt. Die kompakte Struktur ohne Lumen, die den Embryo mit der Plazenta verbindet, wird als **Haftstiel** bezeichnet. Er ist die Vorläuferstruktur der späteren Nabelschnur.

Von der späteren Harnblase ausgehend entwickelt sich der **Allantoisgang** aus dem **kaudalen Entoderm** als Hohlraum, der **in den Haftstiel eindringt**. Während der weiteren Entwicklung wachsen dann auch embryonale Gefäße in den Haftstiel ein, und er wird zur **Nabelschnur**. Als Überrest des **Allantoisgangs** persistiert zunächst noch ein Gang, der die Harnblase mit dem Nabel verbindet, der **Urachus** (Urharngang). Er obliteriert beim Neugeborenen zum **Lig. umbilicale medianus**.

Merke!

Die Allantois dringt in den Haftstiel ein.

Übrigens ...
Die fehlende Rückbildung der Allantois kann zu einer Urachusfistel führen.

Die **Amnionhöhle**, die in der 2. Entwicklungswoche entsteht, ist von Epithel (**Amnionepithel**) ausgekleidet/begrenzt und enthält die Nabelschnur. Sie bleibt im Regelfall bis zum Ende der Eröffnungsphase bei der Geburt erhalten. Bereits im zweiten Entwicklungsmonat ist der Embryo von der **Amnionhöhle** (spätere Fruchtblase) vollständig umgeben.
Um die Amnionhöhle herum liegt zu Beginn (ca. von der 2. bis zur 8. Woche) noch die **Chorionhöhle**, die wiederum vom **Chorionepithel** – gebildet von Synzytio- und Zytotrophoblasten – ausgekleidet wird. Die Amnionhöhle nimmt mit dem weiteren Wachstum des Embryos so stark an Volumen zu, dass sie schließlich die Chorionhöhle verdrängt. Dadurch grenzt das Amnionepithel direkt an das Chorionepithel. Ab jetzt spricht man dann auch von einer Fruchtblase statt von einer Amnionhöhle.

Zum **Dottersack** solltest du in diesem Zusammenhang wissen, dass
- der sekundäre Dottersack in der **Chorionhöhle** lokalisiert ist,
- der **Axialkanal** das Lumen der **Amnionhöhle** mit dem des **Dottersacks** verbindet,
- der Dottersack beim **physiologischen Nabelbruch** eine wichtige Rolle spielt (s. 2.9.4, S. 60) und
- er sich spätestens ab der 12. Woche zurück bildet.

1.10 Zwillingsentstehung

Ein- und zweieiige Zwillinge entstehen – wie der Name bereits vermuten lässt – aus einer bzw. aus zwei Eizellen. Daneben sind jedoch besonders für das schriftliche Examen noch einige Feinheiten zu beachten, die in diesem Kapitel besprochen werden.

1.10.1 Eineiige Zwillinge

Eineiige Zwillinge stellen ca. **25 % der Zwillingsgeburten** dar. Die Entstehung eineiiger Zwillinge ist möglich durch
- Trennung der ersten Blastomeren nach der Furchungsteilung oder
- Bildung zweier „innerer Zellmassen" (Embryoblasten) in einer Blastozyste, d. h. Ausbildung von zwei Axialsystemen in einer Keimscheibe (die Zellen entwickeln sich anstatt um eine um zwei Symmetrieachsen).

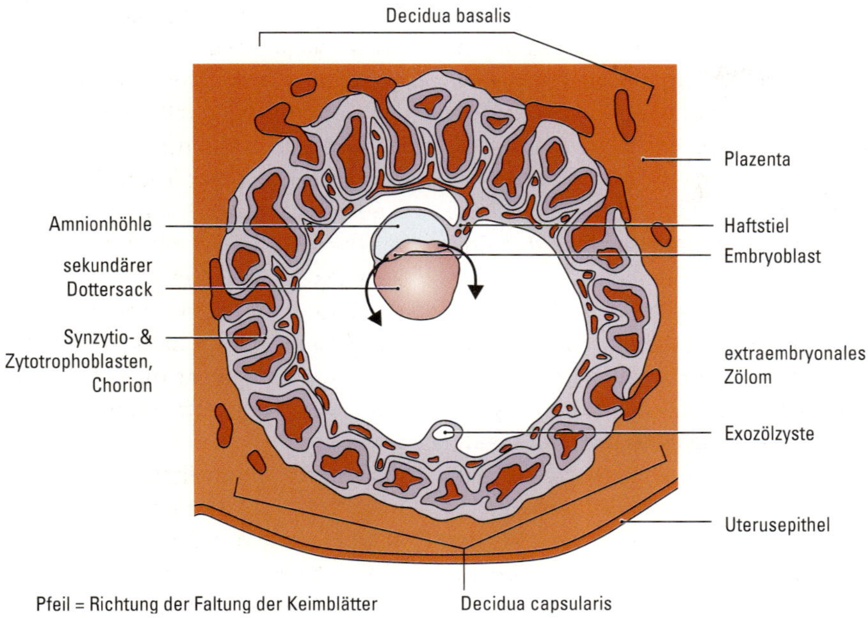

Abb. 7 a: Keimblätter und Höhlen vor der Gastrulation (Faltung)

medi-learn.de/6-ana1-7a

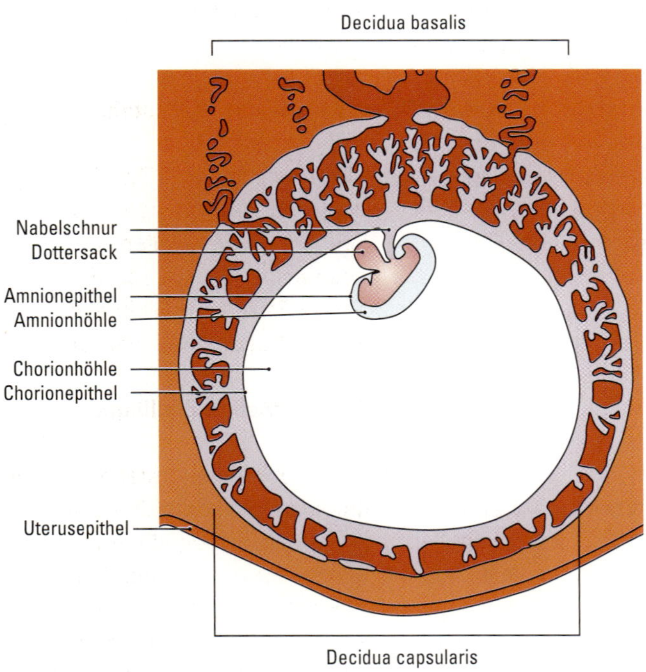

Abb. 7 b: Keimblätter und Höhlen nach den Gastrulationsbewegungen

medi-learn.de/6-ana1-7b

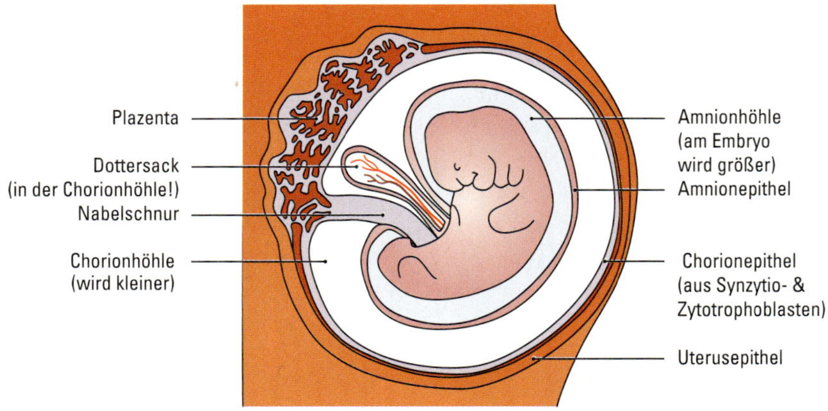

Abb. 7 c: Lage von Chorion-, Amnionhöhle und Dottersack 3.–8. Woche *medi-learn.de/6-ana1-7c*

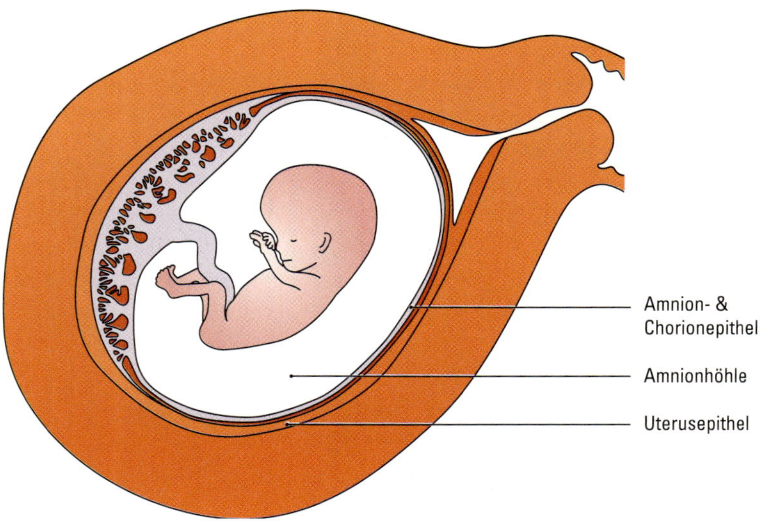

Abb. 7 d: Fruchtblase nach der 8. Woche *medi-learn.de/6-ana1-7d*

Abb. 7 a–d: Entwicklung der Höhlen in und um den Embryo

Eineiige Zwillinge haben
- evtl. eine eigene Plazenta (kann aber auch eine gemeinsame sein),
- eine eigene Amnionhöhle (ist nur in Ausnahmefällen gemeinsam),
- evtl. eine eigene Chorionhöhle (kann aber auch gemeinsam sein) und
- identisches Genmaterial.

Übrigens ...
Ein Beweis dafür, dass es sich um eineiige Zwillinge handelt, liegt vor, wenn eine gemeinsame Amnion- oder Chorionhöhle zu sehen ist. Findet sich keine gemeinsame Amnion- oder Chorionhöhle, so dient allein das Genmaterial als Beweis. 1–2 % der Menschen sind Zwillinge.

1.10.2 Zweieiige Zwillinge

Zweieiige Zwillinge stellen ca. 75 % der Zwillingsgeburten dar. Die Entstehung zweieiiger Zwillinge ist möglich durch
- die gleichzeitige Ovulation von zwei Graaf-Follikeln oder
- die Reifung von einem Graaf-Follikel mit zwei Eizellen.

Zweieiige Zwillinge haben
- eine **eigene** Plazenta (die aber mit der Plazenta des anderen Zwillings verschmelzen kann),
- eine **eigene** Amnionhöhle und
- eine **eigene** Chorionhöhle.

Der Beweis für das Vorliegen zweieiiger Zwillinge ist das unterschiedliche Genmaterial.

DAS BRINGT PUNKTE

Am häufigsten wird zu den **Veränderungen der Keimscheibe** während der Entwicklung der **Canalis neurentericus** gefragt. Dazu sollte man sich zum einen merken, dass

- der Canalis neurentericus trotz seines Namens NICHTS mit der Entwicklung des Nervensystems zu tun hat,
- der Canalis neurentericus auch als Axialkanal bezeichnet wird und seinen dorsalen Eingang im Bereich der Primitivgrube hat,
- der Canalis neurentericus durch/nach Verschmelzung des Chordafortsatzes mit dem Entoderm entsteht und
- er die Amnionhöhle mit dem Dottersack verbindet.

Zu den **Höhlen in und um den Embryo** wurde schon des Öfteren gefragt, dass

- wenn bei einem Kind bei der Bauchpresse Flüssigkeit aus dem Nabel austritt, der wahrscheinlichste Grund für diesen Flüssigkeitsaustritt eine Urachusfistel ist.

FÜRS MÜNDLICHE

Für die mündliche Prüfung solltest du die im Text zu den Veränderungen der Keimscheibe während der Entwicklung fett gedruckten Begriffe, wie Allantoisgang, Neuralplatte etc. in einem Satz erklären können. Beispiele:

1. **Bitte erklären Sie, was die Neuralplatte ist.**
2. **Kennen Sie einen Überrest des Allantoisgangs?**
3. **Erläutern Sie bitte, was das extraembryonale Zölom ist.**
4. **Bitte erklären Sie, was die Amnionhöhle ist.**
5. **Erläutern Sie bitte, was das Chorionepithel ist.**

---

1. Bitte erklären Sie, was die Neuralplatte ist.
Die Neuralplatte ist die ursprüngliche Struktur, aus der sich das Nervensystem entwickelt.

2. Kennen Sie einen Überrest des Allantoisgangs?
Der Urachus (der Urharngang, der die Blase mit dem Nabel verbindet) ist ein Rest des Allantoisgangs.

3. Erläutern Sie bitte, was das extraembryonale Zölom ist.
Das extraembryonale Zölom ist die Bezeichnung für den Hohlraum, der um die Keimblätter herum liegt (vor der Entstehung von Amnion- und Chorionhöhle).
Wenn man die einzelnen Höhlen in und um den Embryo erklären und aufzeichnen kann, hinterlässt man beim Prüfer sicherlich einen guten Eindruck. Daher sollte man sich S.25 f einprägen.

FÜRS MÜNDLICHE

4. Bitte erklären Sie, was die Amnionhöhle ist.

Die Amnionhöhle ist die Fruchtblase. Sie liegt um den Embryo herum. Zu Beginn der Schwangerschaft gibt es noch eine Chorionhöhle, die die Amnionhöhle umgibt. Im weiteren Wachstum wird die Chorionhöhle durch die Größenzunahme der Amnionhöhle verdrängt.

5. Erläutern Sie bitte, was das Chorionepithel ist.

Das Chorionepithel ist die Schicht zwischen dem Amnionepithel und dem Uterusgewebe. Es besteht aus Synzytio- und Zytotrophoblasten, wie die Plazenta auch.

Mehr Cartoons unter www.medi-learn.de/cartoons

Pause

Lehn' Dich zurück und mach doch mal einfach kurz Pause ...

2 Organentwicklung

Fragen in den letzten 10 Examen: 40

Wie bereits erwähnt, findet die Organogenese von der 2. bis zur 8. Entwicklungswoche statt; das bedeutet, dass auf all den bis jetzt durchgearbeiteten Seiten „nur" die ersten zwei Entwicklungswochen besprochen wurden. Das ist jedoch kein Grund zur Panik: Ab der 9. Woche beginnt nämlich die Organreifung, und dann passiert nichts Wesentliches mehr, sodass mit der 9. Woche auch dieses Skript endet.

Für die Organogenese sind HOX-Proteine relevant. **HOX-Proteine** binden an die **DNA** und induzieren so die Expression bestimmter Gene, die für die Organentwicklung eine wichtige Rolle spielen.

2.1 Entwicklung des Nervensystems

Das spätere Nervensystem kann man in ein zentrales Nervensystem (ZNS) und ein peripheres Nervensystem (PNS) unterteilen. Das PNS wird dann noch weiter aufgeteilt in ein vegetatives (Sympathikus und Parasympathikus, für die Organe) und ein somatisches Nervensystem (für die Muskelinnervation).

2.1.1 Entwicklung des ZNS

Das ZNS und seine typischen Zellen entwickeln sich aus dem Neuralrohr, welches wiederum aus Zellen des Ektoderms (s. 1.7.1, S. 16) entsteht. Zu den typischen nicht neuronalen Zellen des ZNS zählen zum Beispiel die

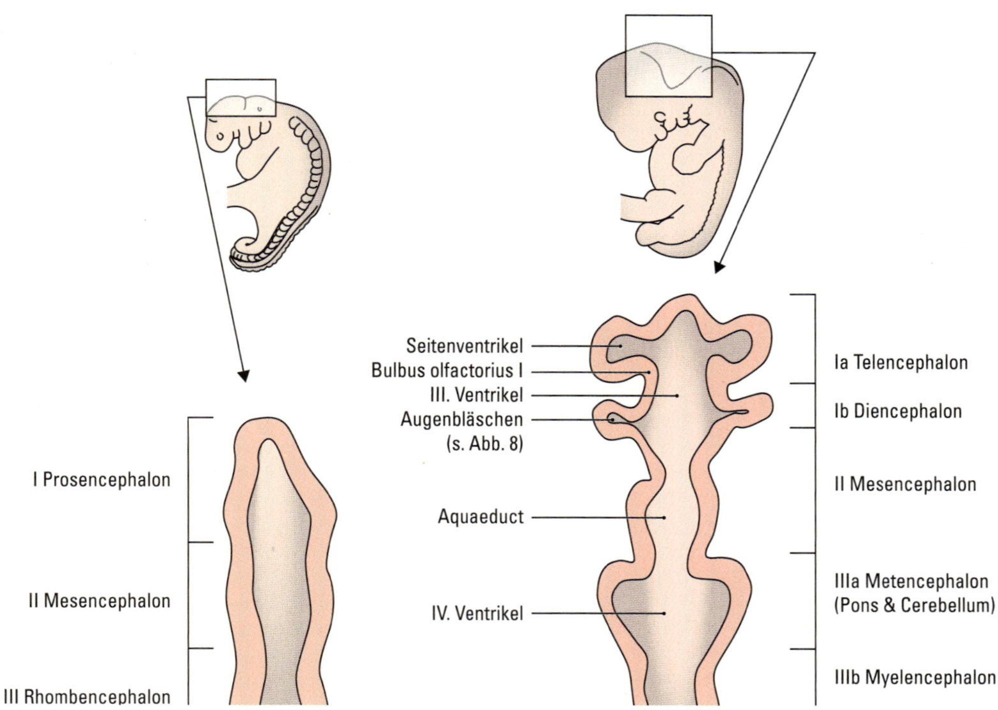

Abb. 7 e: Entwicklung des Neuralrohrs

medi-learn.de/6-ana1-7e

- Astrozyten,
- Oligodendrozyten,
- Ependymzellen,
- Epithelzellen des Plexus choroideus und
- Pinealozyten.

Das Neuralrohr ist zu Beginn der Entwicklung tatsächlich – wie sein Name sagt – ein Rohr. Es reicht von der Stirn des Embryos bis zu seinem Steißbein und ist an beiden Enden offen. Das kraniale Ende bezeichnet man als **Neuroporus anterior**, das kaudale als **Neuroporus posterior** (s. Abb. 6 e, S. 22). Das Neuralrohr bildet nach **21 Tagen drei primäre Hirnbläschen** aus:
- das **Prosencephalon** (Großhirn/Vorderhirn),
- das **Mesencephalon** (Mittelhirn) und
- das **Rhombencephalon** (Rautenhirn).

Der Neuroporus anterior und posterior verschließen sich am 25. (Neuroporus anterior) und am 27. (Neuroporus posterior) Tag. Aus dem Lumen des Neuralrohrs entstehen die inneren Liquorräume des ZNS. Ab dem **28. Entwicklungstag** liegen dann **fünf sekundäre** Hirnbläschen vor (s. IMPP-Bild 2, S. 68):
- Aus dem Prosencephalon entwickeln sich das
  - **Telencephalon** (Endhirn) und
  - **Diencephalon** (Zwischenhirn),
- das **Mesencephalon** bleibt bestehen und
- das Rhombencephalon entwickelt sich weiter zum
  - **Metencephalon** (enthält Pons und Cerebellum) und
  - **Myelencephalon** (enthält die Medulla oblongata).
- Ab dem 29. Tag wird eine zusätzliche segmentale Gliederung sichtbar. Diese schmalen Verdickungen bezeichnet man als **Neuromere**, im Bereich des Rhombencephalons auch als **Rhombomere**. Aus den Rhombomeren scheint sich beispielsweise die Formatio reticularis zu entwickeln.

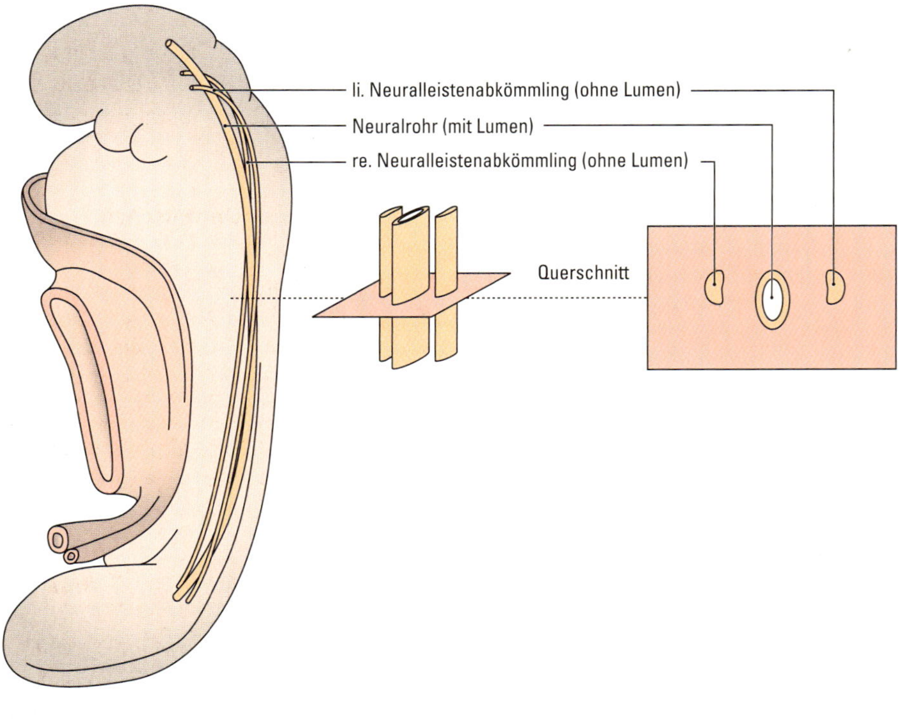

Abb. 7 f: Entwicklung der Neuralleiste *medi-learn.de/6-ana1-7f*

Übrigens ...
Im Gegensatz zu den restlichen Hirnnerven sind der I. und der II. Hirnnerv Abkömmlinge des Neuralrohrs. Entwicklungsgeschichtlich ist der N. olfactorius eine Ausstülpung des Telencephalons und der N. opticus eine Ausstülpung aus dem Diencephalon.

2.1.2 Entwicklung des PNS (peripheres Nervensystem)

Die **Neuralleiste** (s. Abb. 7 f, S. 32) ist beiderseits **lateral** des Neuralrohrs lokalisiert. Sie entsteht – wie das Neuralrohr auch – aus dem Ektoderm, genauer gesagt aus Zellen in der Übergangszone zwischen Neuralplatte und Oberflächenektoderm, weist jedoch kein Lumen auf und ist für die Entstehung des **peripheren Nervensystems** verantwortlich. Zum peripheren Nervensystem gehören

- die Hirnnerven (außer dem I. und dem II.),
- die somatischen und
- die vegetativen Nerven.

Aus der Neuralleiste im Bereich des embryonalen Rumpfes entstehen beispielsweise die Ganglienzellen des Truncus sympathicus.

Merke!

Da α-**Motoneurone** im Vorderhorn des Rückenmarks und damit im ZNS liegen, entstammen sie NICHT der Neuralleiste, sondern dem **Neuralrohr**.

Wie aus dem Neuralrohr entstehen auch aus der Neuralleiste typische Zellen. Abkömmlinge der Neuralleiste sind neben den peripheren somatischen und vegetativen Nerven z. B.

- die **Schwann-Zellen** und
- die Zellen des **APUD-Systems** (Amino-precurser-uptake-and-decarboxylation cells, also Zellen, die Aminosäure-Vorstufen aufnehmen und decarboxylieren). Zum APUD-System gehören
  - die **Melanozyten** der Haut,
  - die **Drüsenzellen** des **Nebennierenmarks**,
  - postganglionäre sympathische Neurone,
  - **Spinalganglienzellen**,
  - enteroendokrine Darmzellen und
  - Zellen des Glomus caroticum.

Melanozyten sind also Abkömmlinge der Neuralleiste. Sie liegen im Stratum basale der Epidermis, haben lange Fortsätze und geben Melanosomen in umgebende Keratinozyten ab.

2.2 Entwicklung des Kopfes

Das Mesenchym der Kopfregion stammt im Wesentlichen aus dem paraaxialen und lateralen Mesoderm, aus der Neuralleiste und dem Ektoderm. Ein kleiner Teil der Maxilla, die Mandibula sowie Teile der Halsregion entwickeln sich aus den Schlundbögen, den Schlundtaschen und den Schlundfurchen (s. 2.4, S. 39).

2.2.1 Entwicklung der Ohren

Die Entwicklung der Ohren gehört zu den eher selten gefragten Themen. Die Unterteilung in mehrere Unterkapitel dient daher nur der besseren Übersichtlichkeit.

Entwicklung der Ohrmuscheln

Im Bereich der 1. Schlundfurche (s. Abb. 11, S. 40) entstehen sechs Vorwölbungen, die **Aurikularhöcker (Ohrhöcker)**. Durch Vereinigung der kaudal gelegenen Höcker und deren Wanderung nach kranio-lateral entstehen die Ohrmuscheln. Die **Ohrmuschelform** ist dabei individuell – also bei jedem Menschen unterschiedlich – angelegt.

Entwicklung des äußeren Gehörgangs

Der äußere Gehörgang entwickelt sich aus der 1. **Schlundfurche** (s. 2.6, S. 43). Seine epitheliale Auskleidung besteht aus **Ektoderm**, ebenso der **äußere Teil** des **Trommelfells**. Die

innere Auskleidung des Trommelfells sowie die Auskleidung der **Paukenhöhle** entwickeln sich dagegen aus dem **Entoderm**. Zwischen den beiden Schichten des Trommelfells liegt eine bindegewebige Schicht, die sich aus dem **Mesoderm** entwickelt.

Entwicklung der Paukenhöhe und der Tuba auditiva

Das Mittelohr und die Paukenhöhle entwickeln sich ebenfalls aus dem **Entoderm**. Zwischen dem 1. und 2. Kiemenbogen stülpt sich das Gewebe ein. Diese Einstülpung wird 1. **Schlundtasche** genannt (s. 2.5, S. 43) und bildet schließlich die Paukenhöhle, die **Tuba auditiva** sowie das **Antrum mastoideum**. Die laterale Grenze der 1. Schlundfurche bildet den medialen Teil des Trommelfells (s. Abb. 11, S. 40). Die **Gehörknöchelchen** Hammer, Amboss und Steigbügel stammen aus den **Schlundbögen**. Auch das primäre Kiefergelenk entwickelt sich aus den ersten beiden Schlundbögen.

Entwicklung des Innenohrs

Das Innenohr entwickelt sich aus dem **Ektoderm**. Seine Entwicklung beginnt ab dem 22. Entwicklungstag lateral des Rhombencephalons durch Bildung einer **Ohrplakode**. Daraus entsteht durch Einstülpung ein **Ohrbläschen**.
Der ventrale Teil des Bläschens bildet beim fertigen Ohr
- den Sacculus,
- den Ductus cochlearis und
- das Cortiorgan.

Der dorsale Anteil des Bläschens bildet
- den Utriculus,
- die Bogengänge und
- den Ductus endolymphaticus.

Der **Ductus cochlearis** beginnt seine Entwicklung in der 6. Woche, fertig ausgebildet ist er aber erst am Ende des 8. Monats.
Scala vestibuli und **Scala tympani** entwickeln sich bereits ab der 10. Entwicklungswoche aus dem **Mesenchym**.
Die **Bogengänge** sind entwicklungsgeschichtlich eine **Ausstülpung** des **Utriculus**.

2.2.2 Entwicklung des Auges

Die **Augenlider** entstehen etwa in der 7. Entwicklungswoche aus Hautfalten, die in der 10. Woche zunächst miteinander verkleben, um sich dann im 7. Entwicklungsmonat wieder voneinander zu lösen.
Dorsal der Augenlider entwickelt sich aus **Ektoderm** und **Mesenchym** die **Hornhaut** des Auges.

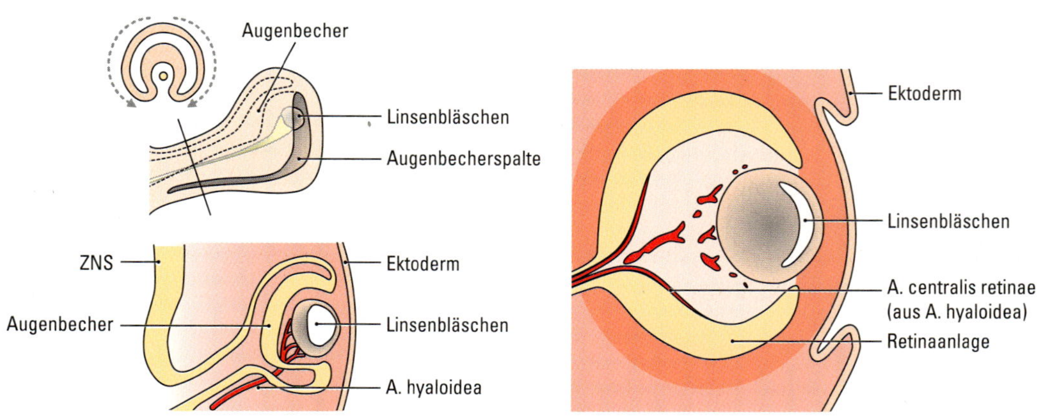

Abb. 8: Entwicklung des Auges

medi-learn.de/6-ana1-8

Die **Augenlinse** entsteht aus dem **Oberflächenektoderm**. Dabei bildet sich aus dem Oberflächenektoderm zunächst eine **Linsenplakode**, die dann durch Einstülpung ein **Linsengrübchen** und schließlich ein **Linsenbläschen** bildet. Das Linsenbläschen liegt etwa ab der 5. Entwicklungswoche vor.
Die **Augenblase** ist entwicklungsgeschichtlich gesehen eine **Ausstülpung** des **Gehirns**. Aus dem späteren **Diencephalon** bildet sich ab der 4. Entwicklungswoche ein **Augenbläschen**. Durch die Ausstülpung wird auch die Ausbildung der **Augenlinse** induziert. Die innerste Schicht des Augenbläschens bildet die Retina, die äußere Schicht das Pigmentepithel.

Nach Entwicklung des Augenbläschens zum Augenbecher – bestehend aus **Augenbecherstiel** und **Augenbecherspalte** – (s. Abb. 8, S. 34) sprossen in die Augenbecherspalte Gefäße ein, die die spätere **Arteria centralis retinae** bilden. Bei einer normalen Entwicklung verschließt sich die Augenbecherspalte in der 7. Woche.

Übrigens ...
Der Augenbecherstiel ist der Vorläufer des Nervus opticus.

2.2.3 Entwicklung der Nase

Etwa ab der 4. Entwicklungswoche bilden sich mehrere **Gesichtswülste** aus:
Der Stirnfortsatz bildet – wie sein Name bereits vermuten lässt – die Stirn, ist aber auch für die Bildung der Nasenwurzel und die Entwicklung des medialen sowie lateralen **Nasenwulstes** verantwortlich.

- Ein Teil des medialen Nasenwulstes entwickelt sich weiter zum Philtrum (der mediale Teil der Oberlippe), zur Nasenspitze und zum Nasenrücken.
- Der laterale Nasenwulst ist im Wesentlichen für die Ausbildung der beiden Nasenflügel verantwortlich.
- Der Oberkieferfortsatz bildet die Wangen und die lateralen Anteile der Oberlippe, der Unterkieferfortsatz im Wesentlichen die Unterlippe.

Übrigens ...
(Laterale) Lippen- und Kieferspalten entstehen am wahrscheinlichsten durch Defekte bei der Verschmelzung zwischen medialem Nasenwulst und Oberkieferwulst.

2

2.2.4 Entwicklung des Mundes

Die **Mundbucht (Stomatod(ont)eum)** stülpt sich in der 4. Entwicklungswoche von außen nach innen ein und entsteht damit aus dem Ektoderm. Ebenfalls in der 4. Entwicklungswoche entwickelt sich die erste **Zungenanlage**. Hierbei entsteht das Epithel aus dem Ektoderm und die Muskulatur der Zunge aus dem Mesoderm. Auch die Zähne bilden sich aus Ektoderm und Mesoderm. Und auch hier ist es so, dass das Äußere des Zahns aus dem Ektoderm entsteht, während sich das Innere aus dem Mesenchym entwickelt. Um euch die **Zahnentwicklung** möglichst anschaulich näher zu bringen, wurde anstelle eines Textes die Abb. 9 a, S. 36 und Abb. 9 b, S. 36 erstellt, zu sehen ist sie auf dem IMPP-Bild 3, S. 69.

- Der **Gaumen** entsteht aus den beiden medialen Nasenwülsten und den Oberkieferwülsten.
- Der **Pharynx** gehört schon zum Verdauungstrakt und entsteht somit – wie der gesamte Magen-Darm-Trakt (s. 2.9.4, S. 60) – aus dem primitiven Darmkanal, und zwar aus dem Vorderdarm (dem proximalen Drittel des primitiven Darmkanals).

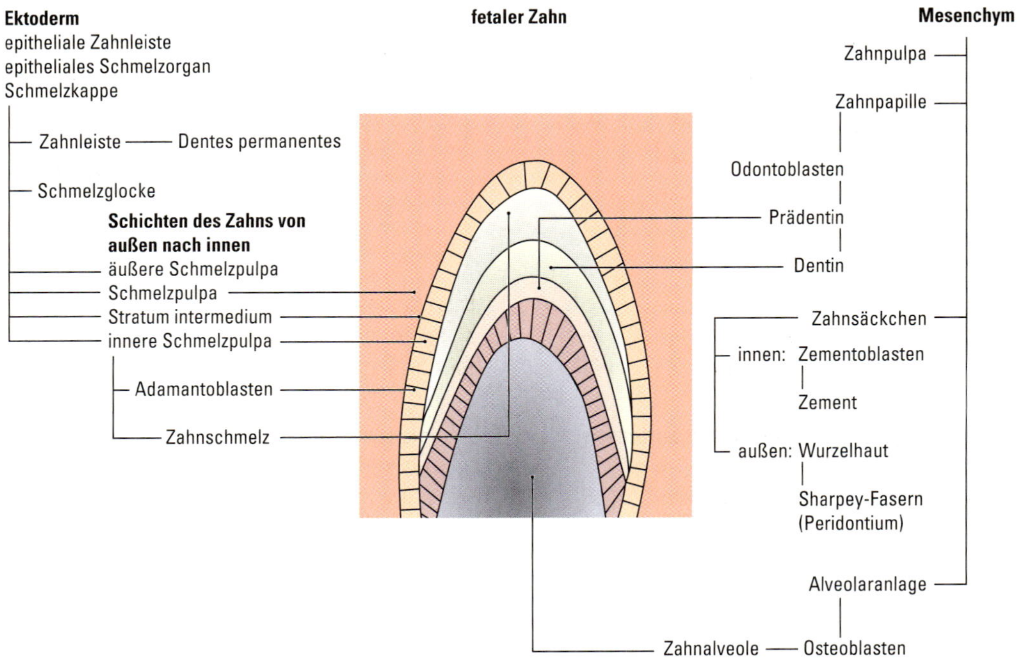

Abb. 9 a: Zahnentwicklung

medi-learn.de/6-ana1-9a

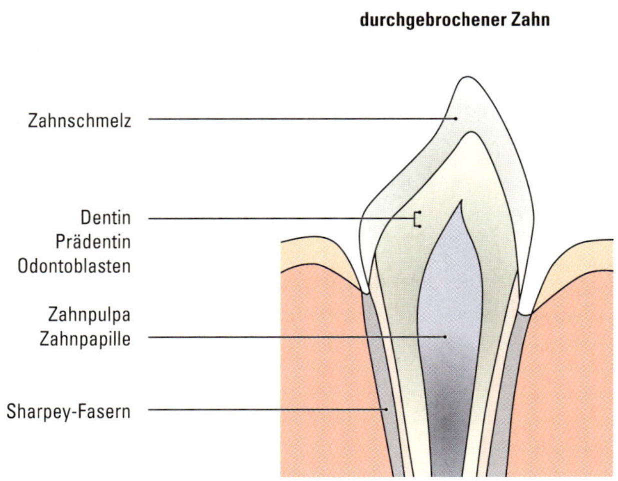

Abb. 9 b: Durchgebrochener Zahn

medi-learn.de/6-ana1-9b

DAS BRINGT PUNKTE

Dass aus dem **Neuralrohr** sämtliche für das ZNS typische Zellen entstehen, sollte man wissen. Häufig gefragt wurde bislang, dass sich aus dem Neuralrohr u. a.

- Astrozyten,
- Oligodendrozyten,
- Ependymzellen,
- Pinealozyten sowie
- die Epithelzellen des Plexus choroideus entwickeln.

Zum Thema **PNS** solltet ihr euch merken, dass

- aus der Neuralleiste unter anderem
  - Schwann-Zellen,
  - das Kopfmesenchym,
  - Spinalganglienzellen,
  - Melanozyten der Haut,
  - Drüsenzellen des Nebennierenmarks und
  - postganglionäre sympathische Neurone entstehen.
- motorische Vorderhornzellen wie das α-Motoneuron NICHT aus der Neuralleiste entstehen.

Die Entwicklung des Kopfes ist ein eher selten gefragtes Kapitel. Am häufigsten wurde bislang noch nach der **Zahnentwicklung** gefragt, zu der man sich merken sollte, dass

- die Adamantoblasten den Schmelz bilden und
- die Odontoblasten das Dentin.

FÜRS MÜNDLICHE

Für die Entwicklung aller Organe – und damit auch des ZNS - gilt, dass man in wenigen Sätzen eine Zusammenfassung wiedergeben können sollte. Die hierfür wichtigen Stichworte, die im Vortrag auch vorkommen sollten, sind im Wesentlichen die im Text **fett** gedruckten Worte. Ein histologisches Bild eines Zahns während der Entwicklung wird ganz gerne mal gefragt. Deshalb empfiehlt es sich, vor dem Mündlichen noch mal einen Blick auf Abb. 9 a und b auf S. 36 zu werfen.

1. **Beschreiben Sie bitte die Entwicklung des Nervensystems.**
2. **Bitte erläutern Sie, woher entwicklungsgeschichtlich gesehen die Hirnnerven stammen.**
3. **Erläutern Sie bitte, warum ein Loch im Zahn nicht wieder zuheilt.**
4. **Bitte erklären Sie, wo sich die Grenze zwischen den Strukturen, die aus dem Ektoderm und dem Mesenchym stammen, befindet.**

---

1. Beschreiben Sie bitte die Entwicklung des Nervensystems.

ZNS:

- Ektodermzellen,
- Neuralfalte,
- Neuralrinne,
- Neuralrohr,
- Verschluss Neuroporus anterior und posterior,
- 3 primäre Hirnbläschen,
- 5 sekundäre Hirnbläschen,
- Telencephalon/Diencephalon/Mesencephalon/Metencephalon/Myelencephalon und die dazugehörigen Strukturen.

PNS:
- Ektodermzellen,
- Neuralfalte,
- Neuralrinne,
- Neuralleiste,
- somatische und vegetative Nerven,
- APUD-System und
- Schwann-Zellen.

2. Bitte erläutern Sie, woher entwicklungsgeschichtlich gesehen die Hirnnerven stammen.

Der N. opticus (II) und der N. olfactorius (I) stammen aus dem Neuralrohr und gehören somit zum ZNS (sie haben daher auch keine Hirnnervenkerne, sondern nur Neurone an Umschaltstellen), die übrigen Hirnnerven stammen aus der Neuralleiste und zählen somit zum PNS.

3. Erläutern Sie bitte, warum ein Loch im Zahn nicht wieder zuheilt.

Für die Bildung des Zahnschmelzes sind die Adamantoblasten zuständig. Sie liegen aber außen auf dem Zahnschmelz und sind nach dem Durchbrechen der Zähne nicht mehr vorhanden. Dem Zahn fehlen also die Zellen, die den Zahnschmelz neu bilden könnten.

4. Bitte erklären Sie, wo sich die Grenze zwischen den Strukturen, die aus dem Ektoderm und dem Mesenchym stammen befindet.

Die Grenze ist der Zahnschmelz.

Mehr Cartoons unter www.medi-learn.de/cartoons

Pause

Lach mal wieder!

2.3 Entwicklung der Schilddrüse

Die Schilddrüse entwickelt sich aus dem Entoderm der **Mundhöhle**. Dabei stülpt sich zunächst am Zungengrund – im Bereich des späteren Sulcus terminalis – Gewebe nach kaudal ein. Die hierbei entstehende Grube bezeichnet man als **Foramen caecum**. Anschließend wandert das Schilddrüsengewebe weiter nach kaudal bis etwa auf Höhe des 6. Halswirbels. Der hierbei entstehende Gang wird **Ductus thyroglossus** genannt. Er verbindet während der Embryonalentwicklung die Schilddrüse mit dem Zungengrund (s. Abb. 11, S. 40). Im Laufe der weiteren Entwicklung verschließt sich dann der Ductus thyroglossus. Gelegentlich bleibt jedoch im distalen Anteil des Ductus etwas Schilddrüsengewebe bei der Wanderung zurück, wodurch am Oberrand der Schilddrüse eine pyramidenförmige Ausziehung des Schilddrüsengewebes entsteht. Diesen nicht bei jedem vorhandenen Lappen nennt man **Lobus pyramidalis**.
Aus der Neuralleiste wandern dann noch die C-Zellen der Schilddrüse (ultimobranchialer Körper = Zellen des APUD-Systems) zunächst in die 5. Schlundtasche und später in die Schilddrüse ein. Dorsal der Schilddrüse lagern sich die oberen und unteren Nebenschilddrüsen (Glandula parathyroidea superior bzw. inferior) an. Die oberen **Nebenschilddrüsen** entwickeln sich aus der 4. Schlundtasche, die unteren Nebenschilddrüsen entstehen aus der 3. Schlundtasche

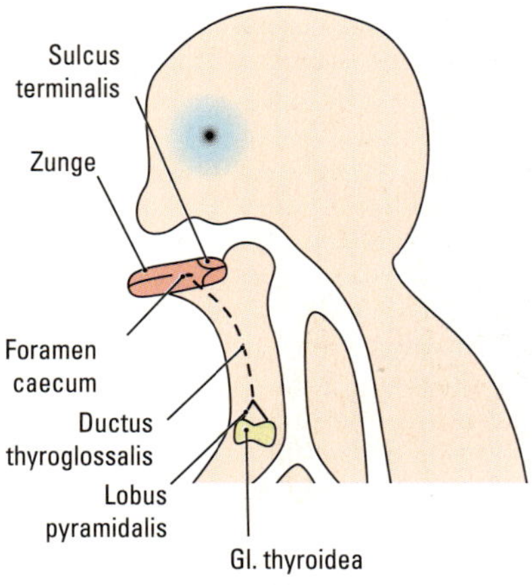

Abb. 10: Entwicklung der Schilddrüse

medi-learn.de/6-ana1-10

2.4 Schlundbögen

Der kaudale Teil des Kopfes und der Hals entwickeln sich im Wesentlichen aus den **Schlundbögen (Kiemenbögen)**. Als Schlundbögen bezeichnet man Vorwölbungen nach innen im Kopf-Hals-Bereich. Sie werden durch die Schlundtaschen voneinander getrennt. Die Einstülpungen außen bezeichnet man als **Schlundfurchen** (s. Abb. 11, S. 40).

Typisch für die Kiemenbögen ist ihre **metamere Gliederung**. Darunter versteht man, dass jeder Abschnitt (jeder Kiemenbogen) identisch aufgebaut ist: Er besitzt
- einen Kern aus Mesoderm für eine Knorpel- und eine Muskelanlage,
- einen Nerven (aus der Neuralleiste stammend) und
- eine Arterie.

Die metamere Gliederung bei den Kiemenbögen bleibt jedoch NICHT bis zum Abschluss der Entwicklung erhalten. Das bedeutet, dass sich nicht aus jeder Anlage eine definitive Struktur entwickelt und daher auch – nach Abschluss der Entwicklung – nicht mehr alle Abschnitte gleich aussehen. Trotzdem hat auch der fertige Mensch noch Regionen mit metamerer Gliederung. Beispiele hierfür sind
- die Rippen mit den Interkostalräumen (sowohl die Muskulatur als auch die Anlage der Gefäße sehen in jedem Abschnitt gleich aus),
- die autochthonen Rückenmuskeln sowie
- die Gliederung des Rückenmarks und der Wirbelsäule.

> **Merke!**
>
> Die Schlundbögen nennt man auch
> - **Kiemenbögen,**
> - **Branchialbögen** oder
> - **Pharyngealbögen.**

Zunächst entwickelt sich in jedem Kiemenbogen eine Arterie. Diese Arterien der Kiemen- oder Schlundbögen nennt man auch **primitive Aortenbögen** oder **Kiemenbogenarterien.** Die Anordnung und die Lage der Kiemenbogenarterien ist in Abb. 12, S. 41 dargestellt.

Übrigens ...
Nicht aus allen angelegten Arterien entwickelt sich auch ein definitives Gefäß.

Die 1. **Kiemenbogenarterie** bildet sich fast vollständig zurück. Ihre Beteiligung an der Bildung der Arteria carotis externa und der Arteria maxillaris ist gering.
Die 2. **Kiemenbogenarterie** entwickelt sich zwar zunächst zu einer Arteria stapedia weiter (verläuft im Bereich des Steigbügels), bildet sich dann jedoch in der weiteren Entwicklung ebenfalls zurück. Übrig bleibt von ihr lediglich ein **Foramen** im **Stapes** aber **KEIN** definitives Gefäß.
Die 3. **Kiemenbogenarterie** bildet – gemeinsam mit der **dorsalen Aorta** – die **Arteria carotis interna**. Ebenfalls aus der 3. Kiemenbogenarterie stammt ein kleiner Teil der Arteria carotis communis.
Aus der 4. **Kiemenbogenarterie** entsteht auf der linken Seite der definitive **Aortenbogen,** rechts – wo kein Aortenbogen vorkommt – entwickelt sich der **Truncus brachiocephalicus** so-

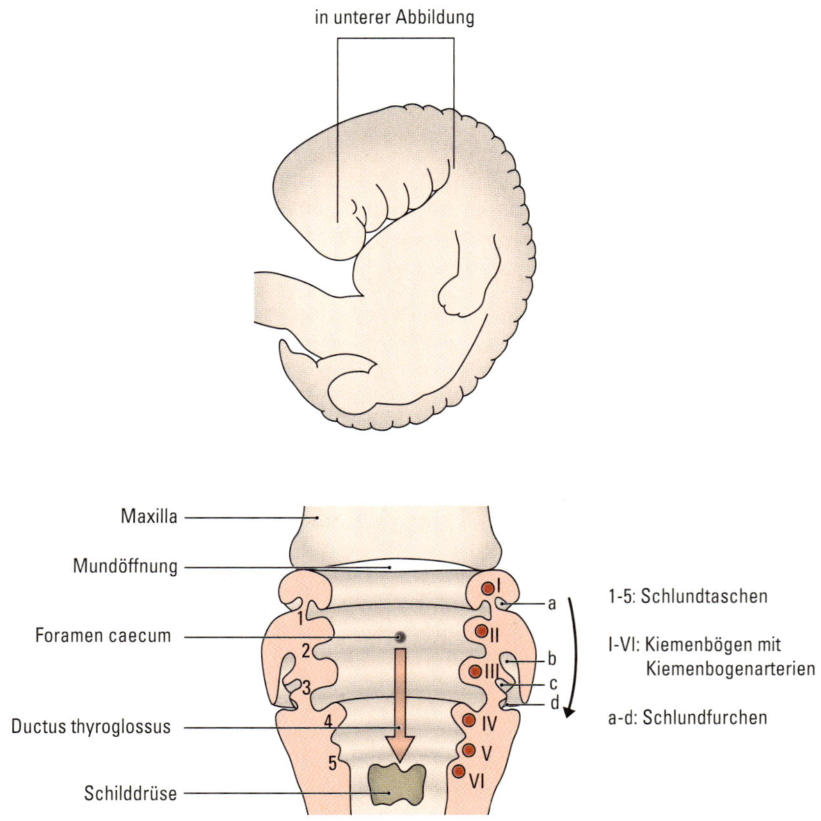

Abb. 11: Lage der Schlundbögen, -taschen und -furchen medi-learn.de/6-ana1-11

wie ein Teil der **Arteria subclavia** aus der 4. Kiemenbogenarterie.

Die 5. Kiemenbogenarterie bildet sich vollständig zurück.

Aus der 6. **Kiemenbogenarterie** entwickeln sich links der **Truncus pulmonalis** sowie der **Ductus arteriosus Botalli** und rechts die **Arteria pulmonalis**.

Außer den Kiemenbogenarterien liegen während der Embryonalentwicklung noch insgesamt vier **Aorten** vor: zwei **ventrale** und zwei **dorsale**.

- Aus der **ventralen Aorta** entwickelt sich je eine **Arteria carotis communis** und eine **Arteria carotis externa**,
- aus der **dorsalen Aorta** entstehen ein Teil der **Arteria carotis interna** und die **Aorta descendens**.

Wie weiter oben beschrieben, entwickeln sich auch Nerven, Knorpel und Muskeln im Bereich der Schlundbögen.

2.4.1 Erster Schlundbogen (Mandibularbogen)

Ein großes Gefäß entwickelt sich hier nicht. Der Nerv des 1. Schlundbogens ist der N. mandibularis (3. Ast des N. trigeminus). Die Muskeln, die der Nerv versorgt (dies gilt auch für die weiteren Schlundbögen), entwickeln sich ebenfalls aus diesem Schlundbogen. Der N. mandibularis ist der einzige motorische Trigeminusast. Daher entwickelt sich die gesamte Kaumuskulatur (M. temporalis, M. masseter, Mm. pterygoidei, M. mylohyoideus, aber auch der M. tensor veli palatini und der Venter anterior des M. digastricus) aus diesem Bogen. Die Knorpelanlage im Bereich des 1. Schlundbogens wird **Meckel-Knorpel** genannt. Aus ihr entwickeln sich Hammer und Amboss. Außerdem entstehen aus dem 1. Schlundbogen auch ein Teil der Mandibula und ein kleiner Teil der Maxilla.

Zu beachten ist, dass der Steigbügel aus dem 2. Schlundbogen stammt. Begründet ist diese ungewöhnliche Entwicklung in der **Entstehung** des **Kiefergelenks**: Das **primäre** Kiefergelenk bildet sich zwischen **Hammer, Amboss** und **Mandibula** aus. Erst in der weiteren Entwicklung lagert sich das **Os temporale** dazwischen, sodass zum einen die **Paukenhöhle** und zum anderen das **sekundäre Kiefergelenk** entstehen, das aus diesem Grund auch **Anlagerungsgelenk** genannt wird.

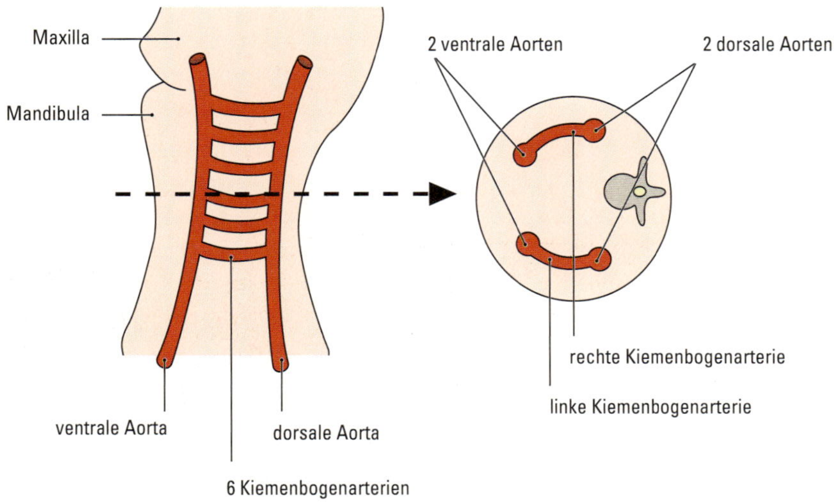

Abb. 12: Kiemenbogenarterien

medi-learn.de/6-ana1-12

Übrigens ...
Bei Schlangen unterbleibt diese Trennung, sodass diese zwar schlechter hören, dafür aber den Mund aufgrund der Lage des Kiefergelenks weiter öffnen können.

2.4.2 Zweiter Schlundbogen (Hyoidbogen)

Auch im **2. Schlundbogen** entsteht **kein** definitives Gefäß. Der Nerv, der dem 2. Schlundbogen zugeordnet wird, ist der **N. intermediofacialis** bzw. N. intermedius des N. facialis. Die Muskulatur, die aus diesem Schlundbogen stammt, ist deswegen im Wesentlichen die **mimische Muskulatur**, zum anderen jedoch auch der **M. stapedius**, der **M. stylohyoideus** und der **Venter posterior** des **M. digastricus**. Der Knorpel des 2. Schlundbogens hat ebenfalls einen Eigennamen: Er wird gelegentlich **Reichert-Knorpel** genannt. Aus ihm entwickeln sich der **Steigbügel**, ein kleiner Teil des Os temporale (der Processus styloideus) und der kraniale Teil des **Os hyoideum**. Sämtliche Bestandteile, die für den **Stapediusreflex** benötigt werden (der M. stapedius, der Steigbügel und der N. intermediofacialis) entstammen demselben Kiemenbogen.

Übrigens ...
Der Stapediusreflex wird ausgelöst, wenn das Ohr zu lauten Geräuschen ausgesetzt ist: Durch Innervation des M. stapedius erfolgt dessen Kontraktion, was zu einer Verkantung des Steigbügels im ovalen Fenster führt. Dadurch werden die Schallleitung erschwert und die Geräusche leiser gehört.

2.4.3 Dritter Schlundbogen

Ab dem 3. Schlundbogen haben weder der Schlundbogen noch sein Knorpel einen Eigennamen erhalten. Dem 3. Schlundbogen wird der **N. glossopharyngeus** zugerechnet, die entsprechende Schlundbogenarterie bildet die Arteria carotis interna (s. 2.4, S. 39). Als Muskel entwickelt sich der **M. stylopharyngeus** aus dem 3. Schlundbogen. Aus den knorpeligen Anteilen entsteht das **Cornu majus** sowie der untere Teil des **Os hyoideum**. Außerdem enthält der 3. Schlund- oder Branchialbogen die **Pharynxmuskulatur**.

2.4.4 Vierter, fünfter und sechster Schlundbogen

Der 4., 5. und 6. Schlundbogen sind häufig miteinander verschmolzen. Insgesamt muss man sagen, dass in der Literatur leider Uneinigkeit über die hieraus entstehenden Strukturen herrscht. Daher wurde, abgesehen von der Weiterentwicklung der Gefäße, im schriftlichen Examen bisher auch nichts dazu gefragt. Immerhin scheint man jedoch Folgendes definitiv sagen zu können:

- Aus dem **4. Schlundbogen** stammt der **Nervus laryngeus superior** (der 1. Ast des Nervus vagus). Aus den Gefäßen des 4. Schlundbogens entwickelt sich links der **Aortenbogen** und rechts der **Truncus brachiocephalicus** sowie ein Teil der **Arteria subclavia**. Die ihnen zugeordneten Muskeln sind der **M. cricothyroideus** und gelegentlich auch der **M. levator veli palatini** sowie der **M. constrictor pharyngis**.
- Aus dem **5. Schlundbogen** scheinen sich keine relevanten Strukturen zu entwickeln.
- Der **Truncus pulmonalis**, der **Ductus arteriosus Botalli** und die Arteria pulmonalis entstammen dem 6. Schlundbogen. Ebenfalls dem **6. Schlundbogen** wird der **Nervus laryngeus recurrens** (2. Ast des Nervus vagus) zugeordnet. Dessen Aufgabe ist die Innervation der gesamten Kehlkopfmuskulatur mit Ausnahme des M. cricothyroideus. Das lässt darauf schließen, dass auch die **gesamte Kehlkopfmuskulatur** (**außer** dem M. cricothyroideus) aus dem Schlundbogen stammt. Das Kehlkopfskelett wird sowohl vom 4. als auch vom 6. Schlundbogen gebildet, die Epiglottis dagegen stammt aus dem 2. und 4. Schlundbogen.

2.5 Schlundtaschen

Auf der medialen Seite sind die sechs Schlundbögen durch **fünf Schlundtaschen** voneinander getrennt. Diese Einstülpungen sind mit **Entoderm** ausgekleidet.

- Die **1. Schlundtasche** bildet über den **Recessus tubotympanicus** schließlich
  - die **Paukenhöhle**,
  - die **Tuba auditiva**,
  - das **Trommelfell** und
  - das **Antrum mastoideum**.
- Aus der **2. Schlundtasche** entsteht im Wesentlichen die **Tonsilla palatina**. Durch ihre Einstülpung wird die **Fossa tonsillaris** gebildet.
- Die **3. Schlundtasche** dient als Basis für die Entwicklung des **Thymus** und für die **Glandulae parathyroideae inferiores**.
- Aus der **4. Schlundtasche** entstehen die **Glandulae parathyroideae superiores** und
- aus der **5. Schlundtasche** die **C-Zellen** der Schilddrüse.

Durch Verbindung mit der 1. Schlundfurche bildet die 1. Schlundtasche den äußeren Gehörgang.

Übrigens ...
Branchiogene Halsfisteln entstehen durch mangelhaften Verschluss im Bereich der Schlundtaschen und Schlundfurchen. Sie können nach innen im Bereich der Tonsilla palatina münden.

2.6 Schlundfurchen

Die **Schlundfurchen** stülpen sich lateral am Hals ein. Zu Beginn der Entwicklung liegen insgesamt **vier** Furchen vor, wobei sich jedoch lediglich die **erste** zu einer definitiven Struktur weiterentwickelt: Durch die Einstülpung der 1. Schlundfurche entwickelt sich der **Meatus acusticus externus**, das Ende der Schlundfurche bildet den **äußeren Teil** des **Trommelfells**.

2.7 Entstehung der Brustorgane

Der Schwerpunkt dieses Kapitels liegt eindeutig auf der Herzentwicklung, dicht gefolgt vom fetalen Kreislauf. Wenn du diese beiden Themen sicher beherrschst, sollten dir die zugehörigen Physikumsfragen keine Probleme, sondern Punkte bescheren.

2.7.1 Zwerchfell

Das Zwerchfell entwickelt sich aus den Myoblasten der Halsmyotome. Und jetzt die gute Nachricht: Mehr muss man dazu gar nicht wissen ...

2.7.2 Entwicklung des Herzens

Das Herz entsteht aus den kaudalen Anteilen der beiden **ventralen Aorten**. Die Entwicklung des kranialen Anteils der beiden ventralen Aorten wurde bei der Entwicklung der Kiemenbogenarterien bereits besprochen (s. 2.4, S. 39). Die kaudalen Anteile beginnen aufeinander zuzuwachsen und in ihrem mittleren Teil miteinander zu verschmelzen (s. Abb. 13, S. 45). Hierdurch entsteht eine x-förmige Struktur, der primitive Herzschlauch. Dieser **Herzschlauch** weist bereits am **21. Entwicklungstag** eine **Eigenfrequenz** auf. Wie auch beim späteren Herzen wird diese Eigenfrequenz durch spezialisierte **Muskelzellen** gesteuert, die im Bereich des späteren Sinusknotens – im Sinus venosus – liegen.

Obwohl das Herz zu diesem Zeitpunkt der Entwicklung bereits eine Eigenfrequenz aufweist, liegt noch KEIN Sinusrhythmus vor. Der Sinusrhythmus ist definiert durch eine P-Welle, einen QRS-Komplex und eine T-Welle. Dieses Muster kommt durch die Erregungsbildung und Erregungsrückbildung in den verschiedenen Räumen des fertigen Herzens zustande. Da um den 21. Entwicklungstag jedoch noch keine Herzräume vorliegen, besteht zwar bereits

eine Erregungsleitung sowie eine Eigenfrequenz, jedoch **noch kein Sinusrhythmus**.

Zur embryonalen Anlage des Herzschlauchs gehören **die Atrien, die Ventrikel und der Truncus arteriosus**. Der Ductus arteriosus (Botalli) gehört aber NICHT dazu. Er entwickelt sich aus der 6. Kiemenbogenarterie (s. 2.4, S. 39)!
Der primitive Herzschlauch sackt in seiner weiteren Entwicklung zunächst N- oder sesselförmig zusammen. Die so entstandene Struktur nennt man **Herzschleife**. Anschließend werden die kaudalen Strombahnen nach kranial umgelagert. Betrachtet man das fertige Herz, so sieht man, dass die Gefäße alle mehr oder weniger weit kranial liegen. Die beiden von Anfang an kranial liegenden Gefäße bezeichnet man auch als **Truncus arteriosus**. Aus diesen Gefäßen entwickeln sich die Aorta und der **Truncus pulmonalis**.
Die Crista terminalis des Herzens trennt den aus dem Sinushorn entstandenen Bereich von dem aus dem primitiven Atrium entstandenen Bereich des rechten Atriums.
Aus den beiden kaudal liegenden Gefäßen, die sich im Laufe der weiteren Entwicklung nach dorsal/kranial umlagern, entstehen die **Venae pulmonales**. Aus diesem Grund bezeichnet man diese Region auch als **Sinus venosus** (später heißt diese Region auch Porta venosa).
Zur Entwicklung der Vena cava gibt es verschiedene Lehrmeinungen. Am plausibelsten erscheint, dass die **Vena cava sekundär** in das Herz **einwächst**. Im Prinzip wachsen dabei eine Vene von kranial und eine Vene von kaudal in den rechten Vorhof und bilden dabei eine Vena cava superior und eine Vena cava inferior.
Ebenfalls zu diesem Zeitpunkt entwickeln sich die **Herzkranzgefäße** durch Ausstülpungen aus den bereits bestehenden Gefäßen, und es erfolgt fast zeitgleich die **Unterteilung** des Herzens in seine Vorhöfe und Kammern. Hierfür stülpt sich zunächst sowohl von ventral als auch von dorsal die Wand in der Mitte ein, bis die ventrale und die dorsale Wand punktförmig in der Mitte des Herzens verschmelzen.

Dadurch entwickelt sich aus dem kugelförmigen blutgefüllten Hohlraum des primitiven Herzschlauchs zunächst ein Raum, dessen Form am ehesten einem Donut ähnelt. Den miteinander verschmolzenen Teil der ventralen und dorsalen Wand, der nun wie ein Balken durch den flüssigkeitsgefüllten Hohlraum des Herzens zieht, bezeichnet man als **Endokardkissen**.
Im weiteren Verlauf stülpt sich ein Teil der kaudalen Wand des Herzens nach kranial ein, verschmilzt mit dem Endokardkissen und bildet das **Septum interventriculare**. Das Endokardkissen selbst bildet das **Herzskelett**.

Übrigens ...
Die Bezeichnung Herzskelett rührt daher, dass in diesem Bereich beim Rind ein Knochen vorliegt.

Auf Höhe des Herzskeletts stülpt sich die Wand zirkulär ein, verschmilzt jedoch NICHT mit dem Endokardkissen. Hierdurch bildet sich eine Art Taille im Bereich der Vorhof-Kammer-Grenze aus. Im Bereich der zirkulären Einstülpung wächst das **Endokard** etwas schneller als die übrigen Schichten der Herzwand, wodurch eine **Endokardduplikatur** entsteht. Diese Duplikaturen bilden schließlich die **Herzklappen**.
Auch die Vorhöfe werden durch eine Einstülpung der Wand unterteilt. Dazu stülpt sich zunächst von kranial ein Septum nach kaudal ein und wächst auf das Endokardkissen zu. Da es das erste einwachsende Septum ist, nennt man es **Septum primum**. Das Loch zwischen rechtem und linkem Vorhof – das zu diesem Zeitpunkt noch besteht – nennt man entsprechend **Foramen primum**. Während der weiteren Entwicklung reißt das Septum primum jedoch kranial ab und wächst unten am Endokardkissen fest. So entsteht wiederum ein Foramen zwischen rechtem und linkem Vorhof, das nun **Foramen secundum** genannt wird. Etwas rechts von der Abrissstelle des Septum primum gelegen, stülpt sich ein erneutes Septum – das **Septum secundum** – ein.

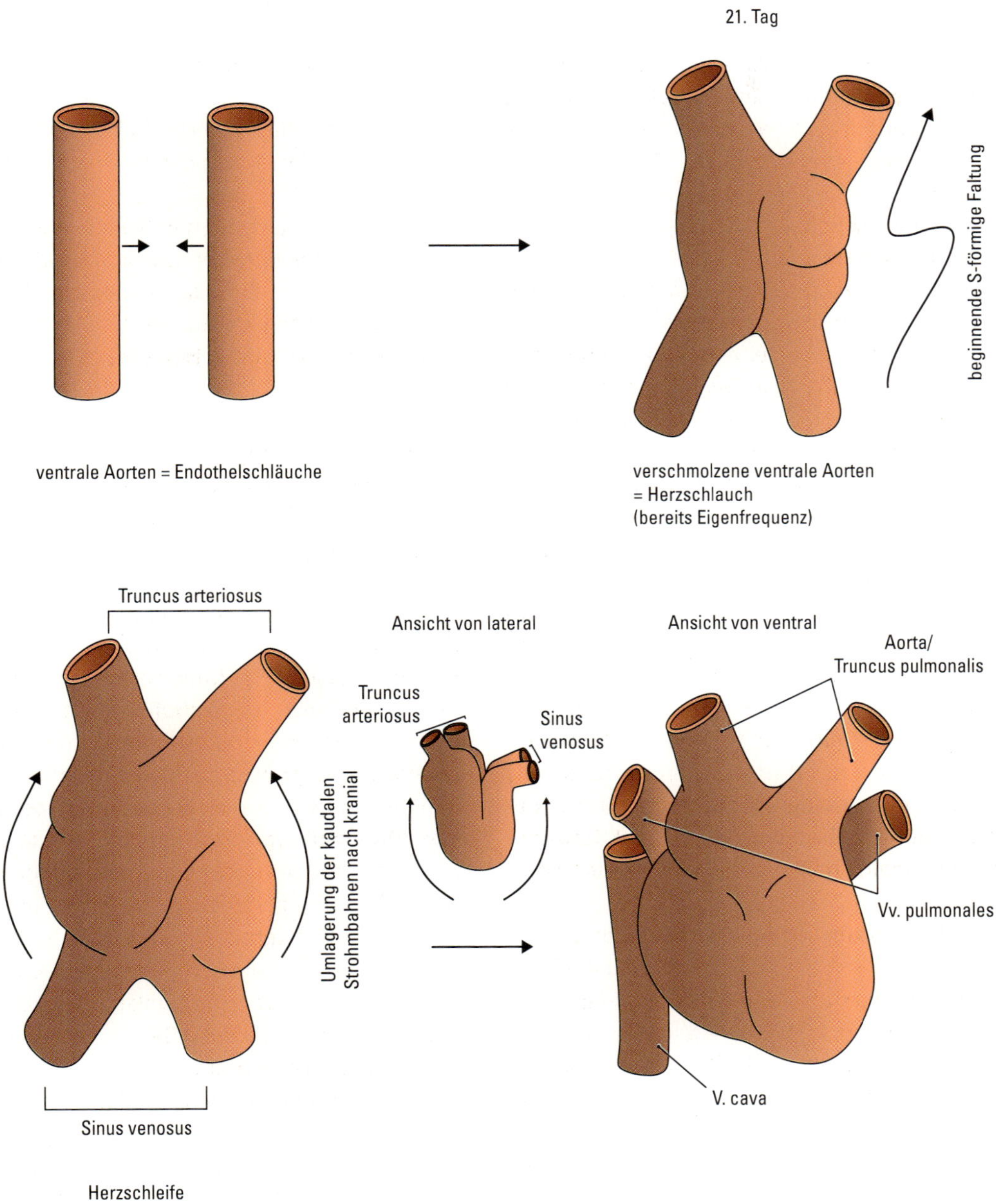

Abb. 13 a: Entwicklung des Herzens (1)

medi-learn.de/6-ana1-13a

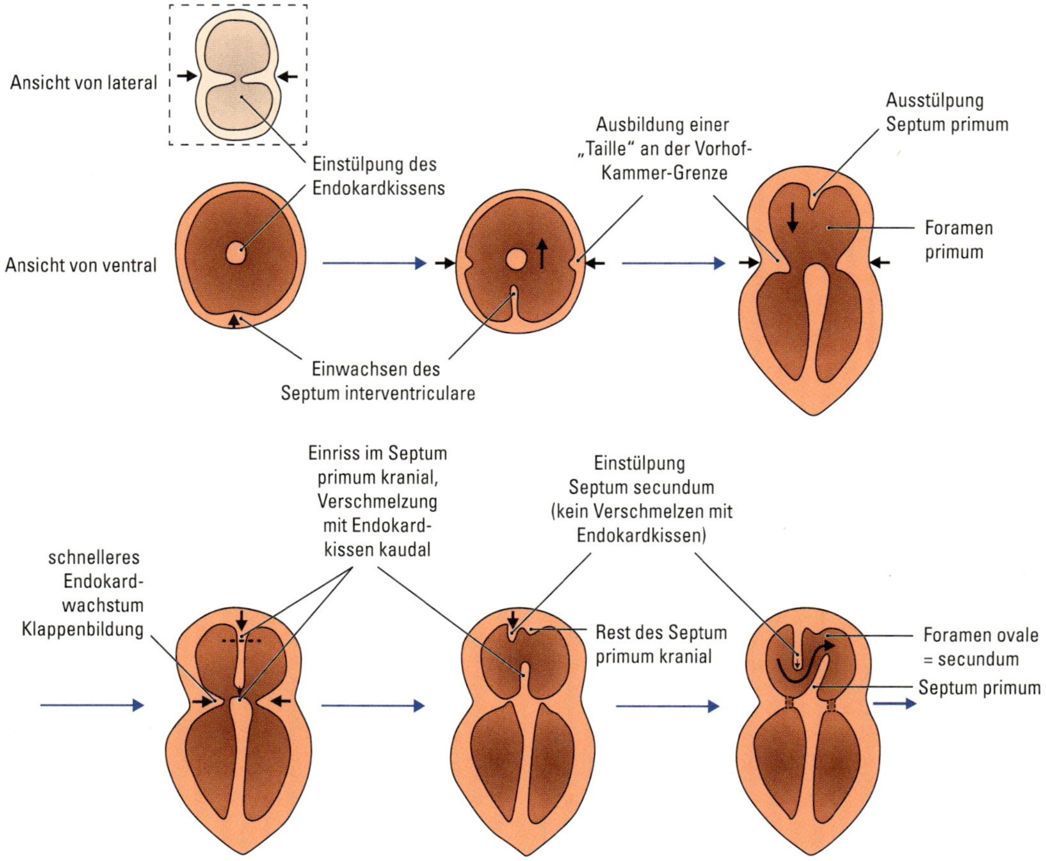

Abb. 13 b: Entwicklung des Herzens (2) *medi-learn.de/6-ana1-13b*

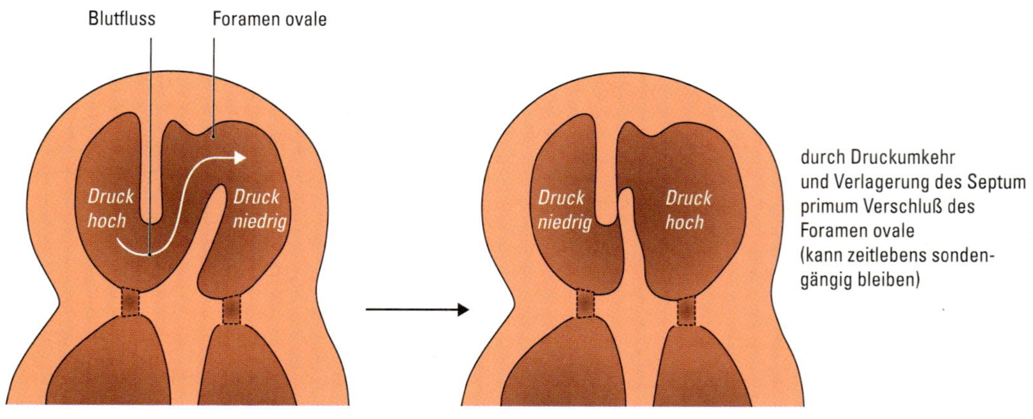

Abb. 13 c: Verschluss des Foramen ovale bei der Geburt *medi-learn.de/6-ana1-13c*

Abb. 13 a-c: Entwicklung des Herzens

Dieses Septum wächst jedoch nicht auf das Endokardkissen zu und verschmilzt mit diesem, sondern **hört** vorher, etwa auf der Mitte der Strecke, **auf**. Die Enden von Septum primum und Septum secundum **überlappen** sich. Das Septum secundum wölbt sich im Bereich der Fossa ovalis etwas in den rechten Vorhof vor. Man nennt diese Vorwölbung auch Limbus. Im Gegensatz zum Erwachsenen ist beim Fetus der Blutdruck im rechten Vorhof höher als im linken. Durch den erhöhten Druck im rechten Vorhof wird das Septum primum nach links aufgedrückt, wodurch eine Verbindung zwischen rechtem und linkem Herzen entsteht. Dieses Foramen wird **Foramen ovale cordis** (Foramen secundum) genannt. Es entsteht durch Degeneration im Septum primum. Durch das Foramen ovale gelangt pränatal der Hauptblutstrom vom rechten Vorhof direkt zum linken Vorhof (vom Lungen- zum Körperkreislauf). Daher stellt es einen **Rechts-Links-Shunt** dar. Postnatal kehrt sich der Druck in den Vorhöfen um, wodurch sich das Septum primum aufgrund des Druckabfalls im rechten Vorhof zur anderen Seite umlagert. Dabei legt es sich dem Septum secundum an und das Foramen ovale wird **funktionell** verschlossen.

Merke!

Das Foramen ovale kann **zeitlebens sondengängig** bleiben.

2.7.3 Fetaler Blutkreislauf

Der fetale Blutkreislauf weist **drei Umgehungskreisläufe** auf:

1. Der erste Umgehungskreislauf ist der **Ductus venosus (Arantii)**. Er leitet den über die V. umbilicalis von der Plazenta kommenden Blutstrom an der **Leber** vorbei. Gäbe es diesen Kurzschluss nicht, würde das sauerstoffreiche Blut durch die Leber fließen, noch bevor es das Herz erreicht hat, und durch die daraus resultierende Reduzierung des O_2-Gehalts im Blut zu einer Minderversorgung der restlichen Organe führen. Postnatal obliteriert der Ductus venosus (Arantii) zum **Ligamentum venosum**.
2. Der zweite fetale Kurzschluss ist das Foramen ovale cordis (s. Abb. 14, S. 48). Hier wird das Blut direkt vom rechten in den linken Vorhof geleitet, sodass das sauerstoffreiche Blut schneller dem Gehirn zugeführt werden kann.
3. Der dritte fetale Kurzschluss ist der **Ductus arteriosus (Botalli)**. Er führt das Blut vom Truncus pulmonalis in den Aortenbogen und somit an der **Lunge** vorbei. Der Embryo besitzt zwar schon einen Lungenkreislauf, pränatal sind die Lungen jedoch nicht belüftet, sodass es nicht erforderlich ist, das gesamte (mittlerweile schon deutlich venöse) Blut durch die Lunge, erneut durch das Herz und erst dann weiter in den Körper zu schicken. Der Ductus arteriosus Botalli obliteriert zum **Ligamentum arteriosum**.

Der Hauptteil des Blutes wird deswegen in den Aortenbogen geleitet, was dazu führt, dass die **obere** Körperhälfte deutlich **mehr** mit **Sauerstoff** versorgt wird als die untere (s. Abb. 14, S. 48). Dies sieht man dem Neugeborenen auch an: Sein Kopf erhält viel Sauerstoff und ist deswegen im Vergleich zum restlichen Körper deutlich größer als es beim Erwachsenen der Fall ist. Die unteren Extremitäten sind hingegen verglichen mit dem Kopf noch deutlich zu klein. Erst mit der Umstellung des Kreislaufs nach der Geburt erfolgt dann eine gleichmäßige Blutversorgung, und der Ductus venosus Arantii obliteriert zum **Ligamentum venosum**.

4. Die V. umbilicalis (vom Nabel zur Leber) wird zum Lig. teres hepatis.
5. Die **Anfangsteile** der **Aa. umbilicales** geben die **Aa. vesicales superiores** ab, während die **distalen** Teile der **Aa. umbilicales** zu den **Ligg. umbilicalia medialia** (s. Abb. 15, S. 50) werden.

Merke!

Nach Unterbrechung der Nabelschnurdurchblutung erfolgt die perinatale Kreislaufumstellung durch den funktionellen Verschluss des Foramen ovale, die Kontraktion des Ductus arteriosus (Botalli) und die Kontraktion des Ductus venosus (Arantii).

Übrigens ...

Die schlechte Durchblutung der Lunge, die überdies noch mit sehr sauerstoffarmen Blut erfolgt, ist eine der Hauptursachen dafür, dass die Lunge beim ungeborenen Kind am langsamsten von allen Organen reift.

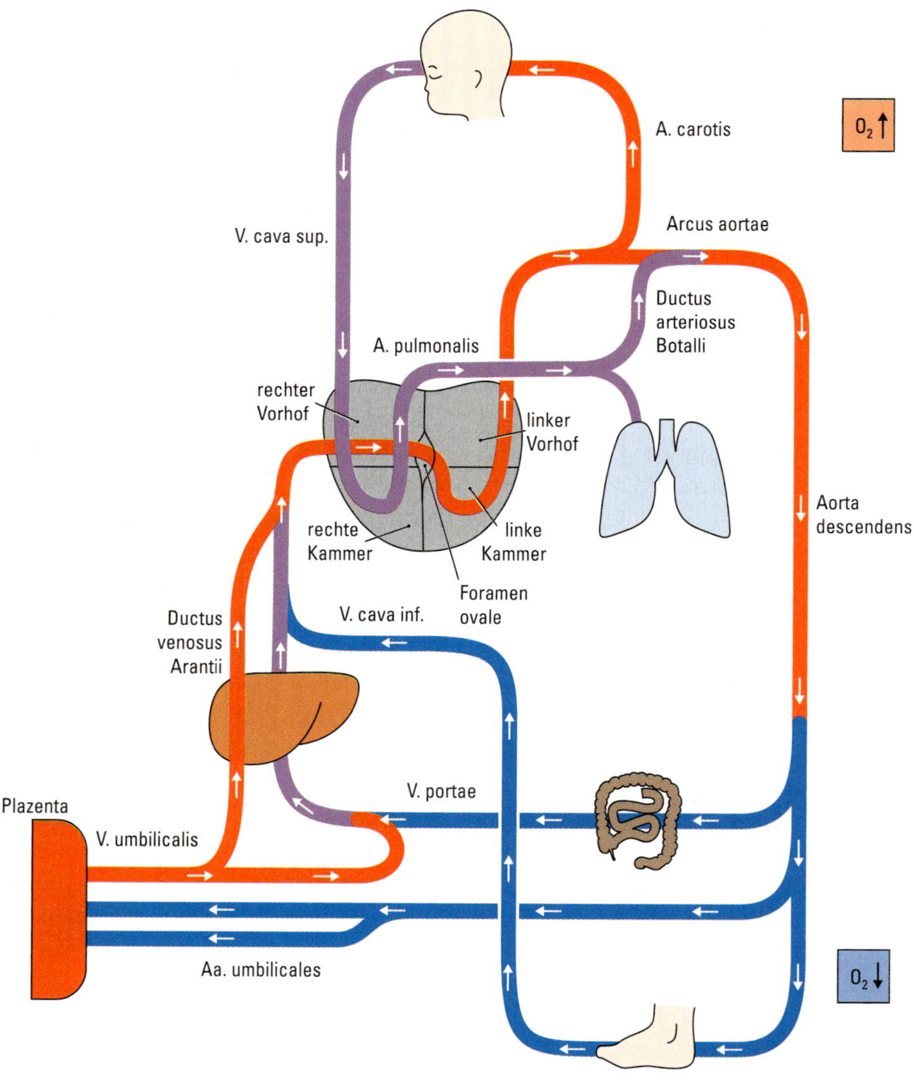

Abb. 14: Fetaler Blutkreislauf

medi-learn.de/6-ana1-14

Die ersten roten Blutzellen entstehen in der Wand des Dottersacks, danach übernehmen Leber und Milz die Blutbildung (Erys mit HbF); erst dann erfolgt die Blutbildung im Knochenmark (HbA).

2.7.4 Entwicklung des Respirationstrakts

Die Lunge entwickelt sich aus dem **Vorderdarm** (s. 2.9.1, S. 56). Etwa in der 4. Entwicklungswoche stülpt sich ein **Lungendivertikel** aus dem Vorderdarm aus. Dieses Lungendivertikel wächst nach kaudal und teilt sich zunächst in zwei Lungenknospen, aus denen dann rechts weitere drei und links noch zwei **Lungenknospen** werden. Entsprechend des Verlaufs der späteren Bronchien erfolgt anschließend eine immer noch weitere Aufteilung der Lungenknospen, bis sich schließlich die Lunge komplett ausgebildet hat. Bis zum Beginn des 7. Entwicklungsmonats hat sich jede der zwei Ursprungslungenknospen bereits ca. 17-mal geteilt. Weitere Teilungsschritte finden nach der Geburt statt, wobei die Entwicklung der Alveolen bis ungefähr zum 10. Lebensjahr andauert. Da die Lunge bzw. ihr Epithel aus dem Vorderdarm entstehen, bildet sich das Epithel der Lunge (und damit auch das der Trachea und das des Kehlkopfs) aus **Entoderm**. Die Knorpelspangen stammen dagegen – wie alle Knorpel – aus **Mesoderm**.

Entwicklungsgeschichtlich bedingt, besteht zunächst eine Verbindung zwischen Trachea und Ösophagus. Im Laufe der weiteren Entwicklung bildet sich an deren Stelle ein Septum oesophagotracheale aus.

Übrigens ...
Eine mögliche Missbildung ist eine unvollständige Ausbildung dieses Septums, sodass es zu einer Fistelbildung zwischen Trachea und Ösophagus kommt. Diese Fistel muss operativ verschlossen werden.

Wie oben bereits beschrieben, entsteht die Lunge durch die Ausbildung eines Lungendivertikels aus dem Vorderdarm. Der Vorderdarm ist komplett von einer Schicht aus **Mesoderm** überzogen. Auch das Lungendivertikel bleibt von einer mesodermalen Schicht bedeckt. Da dieses Mesoderm direkt an das entsprechende Organ grenzt, wird es als **viszerales Mesoderm** bezeichnet.

Auch die **Zölomhöhle** (Körperhöhle) ist von Mesoderm bedeckt. Da dieses jedoch organfern liegt, bezeichnet man es als **parietales Mesoderm**. Durch Verschmelzung des viszeralen und parietalen Mesoderms entsteht schließlich die Trennung von **Peritoneal-** und **Pleurahöhle**.

Insgesamt dauert die Lungenentwicklung mindestens sieben Monate. Frühestens ab dem 6. Entwicklungsmonat (ca. 22. Woche) ist die Lunge soweit gereift, dass ein frühgeborenes Kind eine Überlebenschance hat. Die Entwicklung der Lunge ist u. a. deswegen so langwierig, weil die Lunge im fetalen Blutkreislauf nur gering mit Blut versorgt wird: Ein großer Teil des Bluts wird über den Ductus arteriosus Botalli an der Lunge vorbei vom Truncus pulmonalis in den Aortenbogen fortgeleitet, und auch zu diesem Zeitpunkt befindet sich in dem schon vorhandenen Lungenkreislauf überwiegend venöses Blut. Da sich Organe entsprechend ihrer Sauerstoffversorgung entwickeln, entwickelt sich daher die Lunge nur sehr langsam.

Übrigens ...
Häufig liegt bei Frühgeborenen auch ein Surfactantmangel vor. Dies führt dazu, dass die Lunge sich nur zögernd entfaltet und/oder die Alveolen wieder kollabieren und das Kind dadurch ein postnatales Atemnotsyndrom (RDS – respiratory distress syndrome) entwickelt.

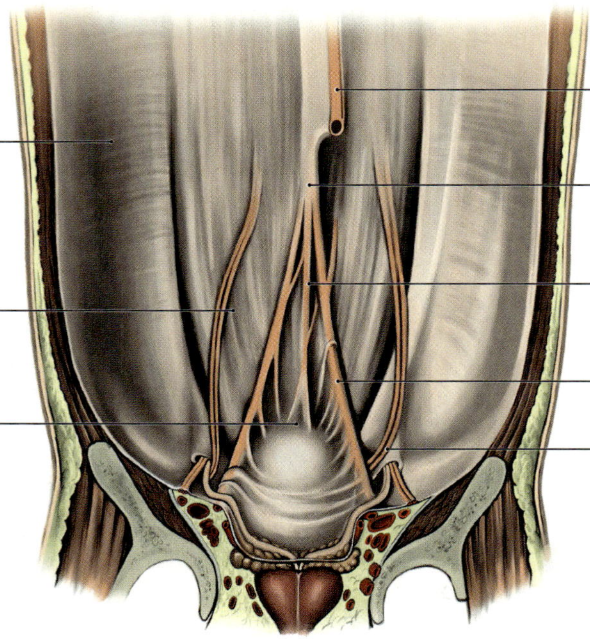

Abb. 15: Plicae umbilicales

medi-learn.de/6-ana1-15

DAS BRINGT PUNKTE

Die Schlundfurchen wurden im schriftlichen Examen noch nie gefragt. **Schlundtaschen** und **Kiemenbögen** kommen fast in jedem Examen dran; Welche Arterie kommt woher?, Was ist der Meckel-Knorpel? etc.

Zu den **Schlundbögen** solltet du fürs Schriftliche daher parat haben, dass
- aus der Anlage des 1. Schlundbogens NICHT das Philtrum der Oberlippe entsteht.

Zum Thema **Herzentwicklung** solltest du unbedingt wissen, dass
- die Pulsation des frühembryonalen Herzens des Menschen durch bestimmte Zellen im Sinus venosus gesteuert wird. Diese sind, wie beim späteren Herzen auch, spezialisierte Muskelzellen (Antwortmöglichkeiten wie „spezialisierte Nervenzellen, Stoffe in der Perikardialflüssigkeit" etc. sind daher falsch!).
- das Foramen ovale einen Rechts-Links-Shunt darstellt,
- das Foramen ovale postnatal funktionell durch das Septum primum verschlossen wird und
- das Foramen ovale zeitlebens sondengängig bleiben kann.

Die Lieblingsantworten im Schriftlichen zum **fetalen Blutkreislauf** betreffen die weitere Entwicklung der fetalen Blutgefäße. Aus diesem Bereich solltest du dir merken, dass
- die Anfangsteile der Aa. umbilicales die Aa. vesicales superiores abgeben.
- die distalen Teile der Aa. umbilicales zu den Ligg. umbilicalia medialia (s. Abb. 14, S. 48) werden.
- die V. umbilicalis zum Ligamentum teres hepatis obliteriert.
- der Ductus arteriosus (Botalli) zum Ligamentum arteriosum zwischen linker A. pulmonalis (bzw. Truncus pulmonalis) und Aortenbogen wird.
- der Ductus venosus (Arantii) die V. umbilicalis mit der V. cava inferior verbindet und nach der Geburt zum Ligamentum venosum obliteriert.
- der Sauerstoffgehalt bei der Umstellung vom fetalen auf den postnatalen Kreislauf am stärksten im herznahen Abschnitt der Vena cava inferior abfällt.
- im fetalen Kreislauf der Ductus venosus (Arantii) das sauerstoffreichste Blut führt.
- im fetalen Kreislauf die V. iliaca interna das sauerstoffärmste Blut führt.
- postnatal der O_2-Gehalt in der V. cava inf. am stärksten abfällt

Die **Entwicklung des Respirationstrakts** wurde im Schriftlichen bislang nicht gefragt.

FÜRS MÜNDLICHE

Mit den folgenden Fragen kannst du das Gelernte nun überprüfen. Wer die Herzentwicklung aufzeichnen oder erklären kann, macht (wenn er es richtig macht) einen ziemlich guten Eindruck!

1. **Bitte erklären Sie, was aus dem Mandibularbogen entsteht.**
2. **Bitte erläutern Sie, was sich aus dem Hyoidbogen entwickelt.**

FÜRS MÜNDLICHE

3. Bitte erklären Sie, was sich aus dem dritten Kiemenbogen bildet.

4. Erläutern Sie bitte, was das besondere an der Entwicklung der Nebenschilddrüsen ist.

5. Bitte erklären Sie, welches Gefäß sich beim Embryo aus 2 Anteilen entwickelt.

6. Bitte erklären Sie, was das Foramen ovale ist.

7. Kennen Sie noch einen anderen Rechts-Links-Shunt?

Zum Thema fetaler Blutkreislauf sollte man seinem Prüfer die Unterschiede zwischen fetalem und adultem Blutkreislauf erklären können.

8. Nennen Sie bitte wesentliche Unterschiede zwischen fetalem und adultem Blutkreislauf.

9. Nennen Sie die Gemeinsamkeit von Lunge und Magen.

10. Bitte erläutern Sie, wie lange die Entwicklung der Lunge dauert.

11. Erklären Sie, warum Frühgeborene häufig pulmonale Probleme haben.

---

1. Bitte erklären Sie, was aus dem Mandibularbogen entsteht.

- M. masseter, M. temporalis, Mm. pterygoidei,
- M. diagastricus (Venter anterior), M. mylohyoideus, M. tensor tympani, M. tensor veli palatini,
- Hammer, Amboss, Mandibula, kleiner Teil der Maxilla und
- Meckel-Knorpel.

Die aus dem Mandibularbogen entstandenen Muskeln werden vom N. mandibularis (V 3) versorgt. Die den Mandibularbogen versorgenden Gefäße bilden sich zurück.

2. Bitte erläutern Sie, was sich aus dem Hyoidbogen entwickelt.

Aus dem Hyoidbogen (2. Kiemenbogen) entstehen

- M. stapedius, M. stylohyoideus, M. digastricus (Venter posterior), mimische Muskeln,
- Steigbügel,
- Processus styloideus (Os temporale),
- Ligamentum stylohyoideum, Cornu minus und oberer Teil des Os hyoideum sowie
- Reichert-Knorpel.

Die aus dem Hyoidbogen entstandenen Muskeln werden vom N. intermediofacialis (aus VII) versorgt. Die den Hyoidbogen versorgenden Gefäße bilden sich zurück.

3. Bitte erklären Sie, was sich aus dem dritten Kiemenbogen bildet.

Aus dem 3. Kiemenbogen entstehen

- N. glossopharyngeus (IX),
- unterer Teil der A. carotis interna,
- M. stylopharyngeus, M. constrictor pharyngis und medius sowie
- Cornu majus und unterer Teil des Os hyoideum.

4. Erläutern Sie bitte, was das besondere an der Entwicklung der Nebenschilddrüsen ist.

Die unteren beiden Glandulae parathyroideae entstehen aus der 3. Schlundtasche, die oberen beiden aus der 4. Schlundtasche.

FÜRS MÜNDLICHE

5. Bitte erklären Sie, welches Gefäß sich beim Embryo aus 2 Anteilen entwickelt.
Die A. carotis interna entsteht aus der 3. Kiemenbogenarterie und der dorsalen Aorta.

6. Bitte erklären Sie, was das Foramen ovale ist.
Ein Rechts-Links-Shunt zwischen den Vorhöfen im embryonalen Blutkreislauf. Es wird begrenzt vom Septum primum und vom Septum secundum. Nach der Geburt erfolgt der Verschluss aufgrund der Druckumkehr durch das Septum primum. Das Foramen ovale kann zeitlebens sondengängig bleiben.

7. Kennen Sie noch einen anderen Rechts-Links-Shunt?
Den Ductus arteriosus Botalli. Er verbindet den Truncus pulmonalis (aus der rechten Kammer) mit dem Aortenbogen (aus der linken Kammer).

8. Nennen Sie bitte wesentliche Unterschiede zwischen fetalem und adultem Blutkreislauf.
fetal:
Shunts/Umgehungskreisläufe:
- Ductus arteriosus (Botalli),
- Ductus venosus (Arantii),
- Foramen ovale.

Das arterielle Blut gelangt in die V. cava inferior, im gesamten Lungenkreislauf befindet sich rein venöses Blut, die O_2-Sättigung ist kranial viel höher als kaudal.

adult:
keine Shunts
In der V. cava inferior befindet sich venöses Blut, der Tr. pulmonalis ist venös, die V. pulmonalis arteriell, O_2 ist gleichmäßiger verteilt.

9. Nennen Sie die Gemeinsamkeit von Lunge und Magen.
Beide entstehen aus dem Vorderdarm.

10. Bitte erläutern Sie, wie lange die Entwicklung der Lunge dauert.
Beim Embryo 7 Monate; allerdings findet noch bis zum 10. Lebensjahr eine weitere Entwicklung der Lungenknospen statt.

11. Erklären Sie, warum Frühgeborene häufig pulmonale Probleme haben.
Beim fetalen Blutkreislauf wird das meiste Blut über den Ductus arteriosus (Botalli) (der später zum Lig. arteriosum obliteriert) an der Lunge vorbei geleitet. Außerdem fließt (aufgrund des Aufbaus des fetalen Blutkreislaufs) überwiegend venöses Blut zur Lunge (der geschickte Student kann den Prüfer jetzt noch mit einer Skizze des fetalen Blutkreislaufs beeindrucken...). Da Organe sich je nach Sauerstoffangebot schneller oder langsamer entwickeln, entwickelt sich die Lunge daher sehr langsam.
Erst ab dem 7. Entwicklungsmonat (frühestens!) ist die Lunge weit genug gereift, dass das Kind von alleine atmen kann.

Mehr Cartoons unter www.medi-learn.de/cartoons

Pause

Endspurt! Noch einmal kurz grinsen, dann geht's auf zum letzten Kapitel ...

2.8 Entwicklung der Bauchorgane

Insbesondere die Entwicklung der Verdauungsorgane solltest du dir gut einprägen. Die ist nämlich nicht nur fürs Bestehen der Physikumsprüfung wichtig, sondern wurde auch schon in der ein oder anderen Facharztprüfung Chirurgie gefragt. Außerdem gehört die Entwicklung der Bauchorgane zu den einfacheren Themen. Wer die Herzentwicklung geschafft hat, hat also das Schlimmste bereits überstanden.

2.8.1 Entwicklung der Nieren

Die Niere entwickelt sich über drei Generationen:

1. **Vorniere**,
2. **Urniere** und
3. **Nachniere**.

Die ersten Zellen, denen man eine Ausscheidungs- und Entgiftungsfunktion zuspricht, werden auch als **Vorniere** bezeichnet. In der weiteren Entwicklung bilden sich diese Zellen zum größten Teil zurück und es bleibt lediglich ein **Urnierengang** bestehen, der in der **Urniere** beim Mann zum **Wolff-Gang** weiterentwickelt wird. Diese Zellen bilden damit die späteren **inneren Genitalorgane** des Mannes. Bei der Frau degenerieren diese Zellen, der Wolff-Gang bildet sich zurück und übrig bleibt ein stecknadelkopfgroßes Anhängsel an der Tube: die **Morgagni-Hydatide** oder der **Appendix tubarius**. Die inneren weiblichen Genitalorgane entwickeln sich aus dem **Müller-Gang**. Das entsprechende Rudiment beim Mann wird ebenfalls **Morgagni-Hydatide** oder **Appendix testis** genannt.

Im Gegensatz zum Wolff-Gang des Mannes entsteht der Müller-Gang der Frau NICHT aus der Urniere.

Die nächste Entwicklungsstufe stellt die **Urniere** dar. Sie ist jedoch nur für kurze Zeit als Ausscheidungsorgan funktionsfähig.

Die **Nachniere** bildet die **spätere** (definitive) Niere und entwickelt sich im Wesentlichen aus zwei Anteilen (s. Abb. 16, S. 55):

- der **Ureterknospe** und
- dem **metanephrogenen Blastem**.

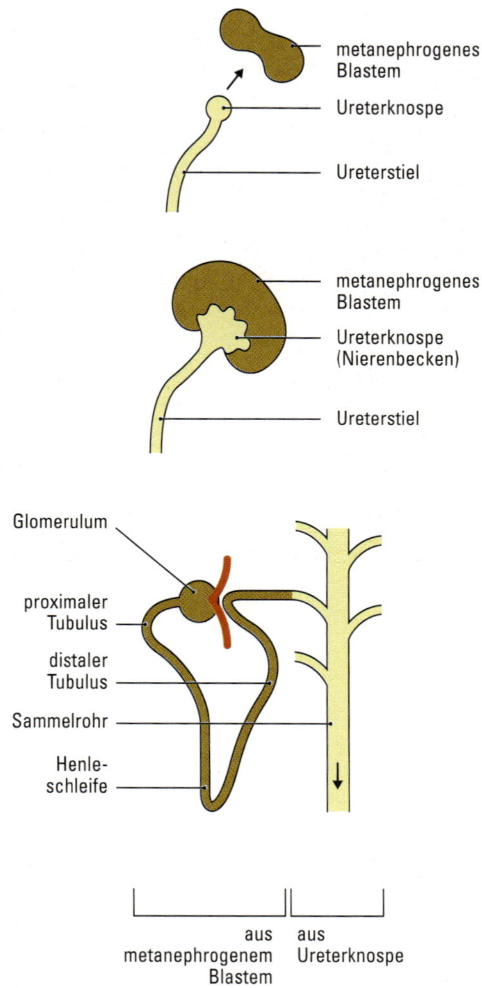

Abb. 16: Entwicklung der Nieren

medi-learn.de/6-ana1-16

Die Ureterknospe entsteht aus mesodermalem Gewebe im kleinen Becken. Von dort aus wächst das Gewebe nach kranial. Man kann dieses Wachstum mit dem Wachstum einer Pflanze vergleichen: Beim Wachsen nach oben bildet sich ein Stiel aus, und am Ende des Stiels befindet sich die Knospe. Der Stiel wird als **Ureterstiel** bezeichnet und bildet den späteren **Ureter**. Die Knospe heißt tatsächlich auch **Ureterknospe**, und aus ihr entwickeln sich die **Nierenbecken** und die **Sammelrohre**. Als nächstes entsteht das **metanephrogene Blastem**. Es entsteht in dem Bereich, in dem auch die spätere Niere liegt. Das **metanephrogene Blastem** setzt sich wie ein Mützchen auf die Ureterknospe und umgibt diese zu einem großen Teil. Aus ihm entwickeln sich

- das **Nierenparenchym** (das typische Gewebe der Niere),
- die **Glomeruli**,
- der **proximale Tubulus**,
- die **Henle-Schleife** und
- der **distale Tubulus**.

2.8.2 Entwicklung der Harnblase und des Urachus

Beide Ureteren münden in die Harnblase, die aus dem **Entoderm** entsteht. Beim Embryo ist das aber noch anders: Hier entwickelt sich zunächst der **Urachus**, der **Urharngang**. Dieses Lumen verbindet die Harnblase mit dem **Nabel**, was dazu führt, dass der Urin beim Embryo über den Nabel in das Fruchtwasser abgegeben wird. Normalerweise obliteriert der Urachus und wird während der weiteren Entwicklung durch die Urethra (Harnröhre) ersetzt.

Merke!

Der Urachus ist ein Rest des Allantoisgangs (s. 1.9, S. 23).

Übrigens ...

- Dem Phänomen des nässenden Nabels beim Neugeborenen kann eine Fistelbildung zugrunde liegen. Ursache hierfür ist die mangelhafte Rückbildung des Urachus.

- Mündet die Urethra beim Mann fälschlicherweise auf der Ober- bzw. der Unterseite des Penis, so nennt man dies Epi- bzw. Hypospadie. Sie stellt eine Hemmungsmissbildung des Urogenitalsystems dar.

2.9 Entwicklung des Verdauungstrakts

Beherrscht du die Entwicklung des Verdauungstrakts, so kannst du dir die anatomische Lage und die Peritonealverhältnisse ganz gut herleiten. Die Herleitung funktioniert natürlich auch umgekehrt ...

2.9.1 Allgemeine Entwicklung der einzelnen Darmabschnitte

Der gesamte Magen-Darm-Trakt entsteht aus dem **primitiven Darmkanal**. Der primitive Darmkanal verbindet als schlauchförmige Struktur den Mund mit dem Rektum. Bedingt durch anatomische Besonderheiten und die Lage kann man den primitiven Darmkanal weiter unterteilen (s. Abb. 17, S. 57):

- Als **Vorderdarm** bezeichnet man den Abschnitt, aus dem vom Pharynx bis zum Beginn des Duodenums die einzelnen Abschnitte des Verdauungstrakts entstehen,
- als **Mitteldarm** den Bereich, aus dem sich das untere Duodenum, das Jejunum, das Ileum, das Colon ascendens und das Colon transversum entwickeln und
- als **Enddarm** den Teil, aus dem das Colon descendens, das Sigmoid und das Rektum entstehen.

Die Einteilung in die drei Darmabschnitte ist nicht willkürlich gewählt, sondern durch anatomische Besonderheiten markiert. Im Bereich des **Duodenums** und damit am Übergang vom Vorderdarm zum Mitteldarm ist eine große **Anastomose** lokalisiert. Hier ändert sich die Gefäßversorgung vom Truncus coeliacus zur Arteria mesenterica superior. Zwischen den Ästen dieser beiden Gefäße haben sich große

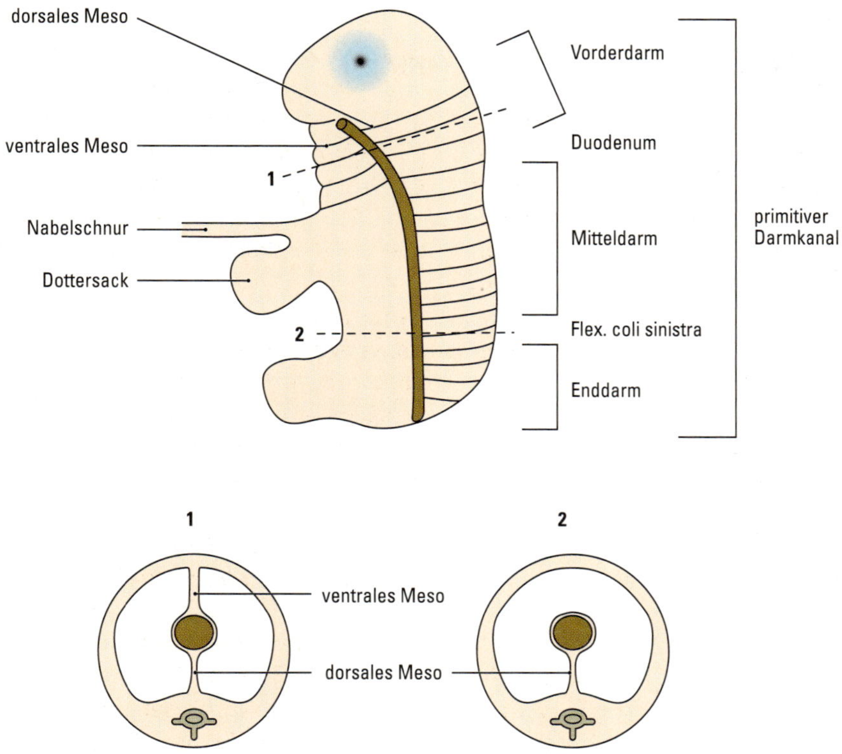

Abb. 17: Entwicklung des Verdauungstrakts im Überblick *medi-learn.de/6-ana1-17*

Anastomosen ausgebildet. Auch der Übergang vom Mittel- zum Enddarm im Bereich der **linken Colonflexur** ist durch eine **Gefäßanastomose** markiert. Hier ändert sich die Gefäßversorgung von der Arteria mesenterica superior zur Arteria mesenterica inferior. Die Anastomose in diesem Bereich wird als Riolan-Anastomose bezeichnet. Außerdem liegt in diesem Bereich noch der Cannon-Böhm-Punkt. Er bezeichnet die Änderung der parasympathischen Innervation: Bis zur linken Colonflexur wird der Verdauungstrakt vom Nervus vagus innerviert, ab dem Cannon-Böhm-Punkt von sakralen parasympathischen Fasern. An der **Coelomhöhle** (Leibeshöhle) ist der primitive Darmkanal durch bindegewebige Strukturen fixiert, die man als **Meso** bezeichnet. Unterschieden werden ein ventrales und ein dorsales Meso: Während das **ventrale Meso** nur den Vorderdarm und einen kleinen Teil des Mitteldarms befestigt (das ventrale Meso endet auf Höhe des **Bauchnabels**), reicht das **dorsale Meso** über die **gesamte** Strecke des primitiven Darmkanals (s. Abb. 17, S. 57). Je nach Organ wird die Bezeichnung „Meso" dann noch ergänzt, z. B. Mesogastrium, Mesocolon etc.

2.9.2 Entwicklung der Oberbauchorgane

Im Bereich des Oberbauchs zieht der Vorderdarm von kranial nach kaudal und ist über das ventrale und das dorsale Meso nach vorne und hinten fixiert. Sowohl im Bereich des ventralen Mesos als auch im Bereich des dorsalen Mesos wandern Zellen ein, die Zellhaufen bilden und sich so zu Organen weiterentwickeln (s. Abb. 18, S. 58).

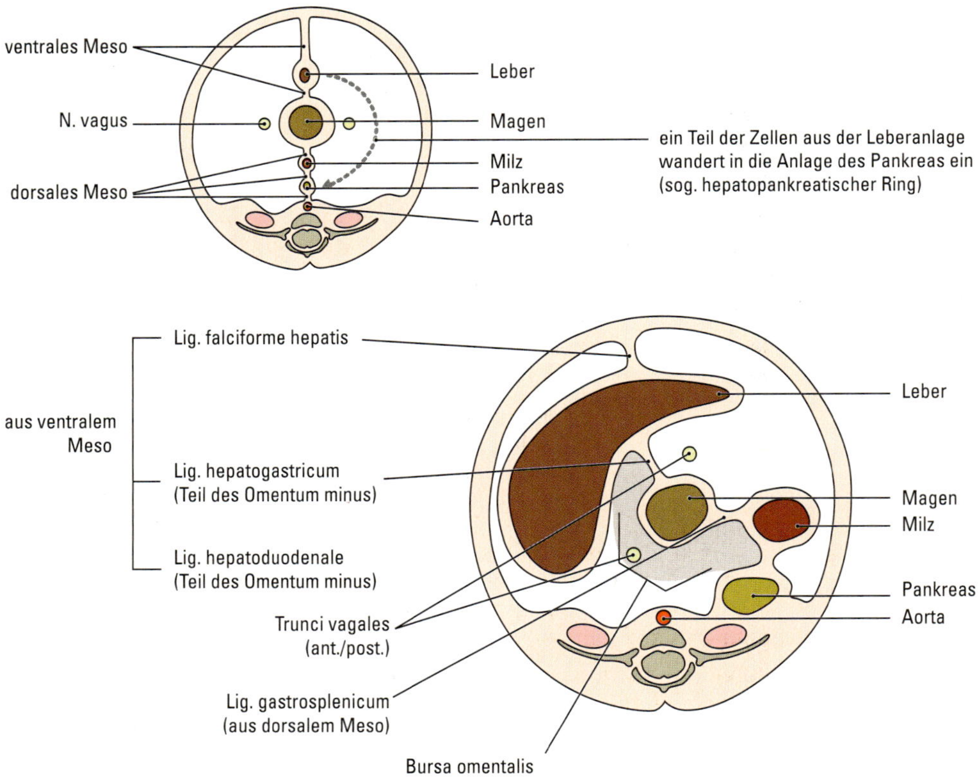

Abb. 18: Entwicklung der Oberbauchorgane *medi-learn.de/6-ana1-18*

- Im **Mesogastrium ventrale** entwickelt sich die **Leber** (ab dem 24. Tag beginnen Leberparenchymzellen (Entoderm) in das Septum transversum zu wachsen und sich weiter zu differenzieren. Die bindegewebigen Strukturen der Leber, deren blutbildende Zellen und die von-Kupffer-Sternzellen stammen somit vom Septum transversum ab),
- im **Mesogastrium dorsale** entstehen **Pankreas** und **Milz**.

Auch einige Zellen aus dem **ventralen** Meso wandern in das sich entwickelnden Pankreas ein. Dabei kann man jedoch NICHT den aus dem ventralen und den aus dem dorsalen Meso stammenden Zellen endokrine oder exokrine Funktionen zuordnen. Es ist vielmehr so, dass aus beiden Zellanteilen auch beide Anteile des Pankreas entstehen (s. Abb. 18, S. 58).

Zu Beginn der Entwicklung sind die Oberbauchorgane also wie die Perlen einer Perlenkette am Mesogastrium nacheinander aufgereiht (s. Abb. 18, S. 58).

Dann kommt es jedoch zu einem ausgeprägten Wachstum der Leber, insbesondere der **rechten Leberseite**. Außerdem dreht sich der Magen, was zu einer Verlagerung der Oberbauchorgane führt. In der Folge nimmt die Leber den gesamten rechten Oberbauch ein. Der primitive Darmkanal, aus dem auf dieser Höhe der Magen entsteht, liegt weiterhin zentral in der Mitte, die Milz wird nach links lateral gedrängt und das Pankreas nach dorsal. Trotzdem bleiben weiterhin alle Organe durch Reste des Mesos miteinander verbunden. Diese Reste des Mesos kann man auch am erwachsenen Menschen noch sehen:

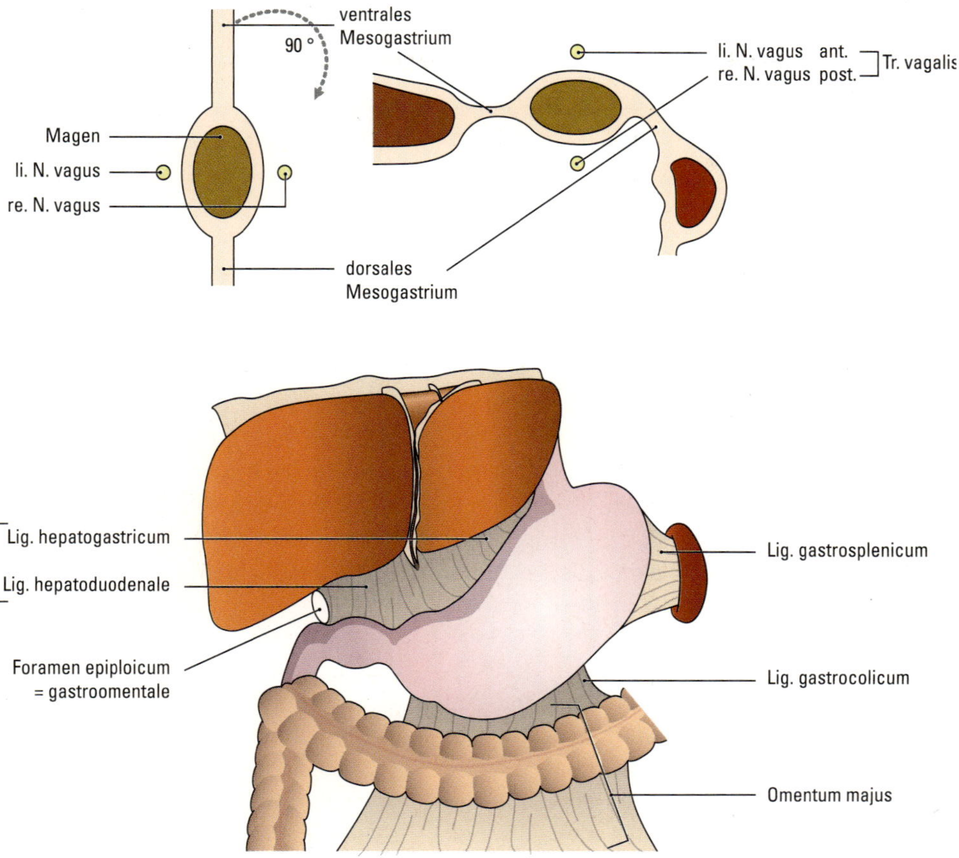

Abb. 19: Entwicklung des Magens mit Magendrehung

medi-learn.de/6-ana1-19

- Aus dem Mesogastrium ventrale entsteht zum einen – von der Leber zur vorderen Bauchwand ziehend – das **Ligamentum falciforme hepatis**. Aus dem Teil zwischen Leber und Magen entsteht das **Ligamentum hepatogastricum**. Etwas kaudal davon liegt das **Ligamentum hepatoduodenale**. Das Ligamentum hepatogastricum und das Ligamentum hepatoduodenale bilden gemeinsam das **Omentum minus** (man könnte auch sagen, das Omentum minus stammt aus dem Mesohepaticum dorsale).
- Aus dem dorsalen Mesogastrium entwickelt sich das **Ligamentum gastrosplenicum** und das **Omentum majus**. Ein Ligamentum splenopancreaticum ist ebenfalls ausgebildet, jedoch anatomisch irrelevant.

Die Leber rechts, die Milz links, die Hinterwand des Magens vorne und die Vorderseite des Pankreas hinten sowie die diese Organe verbindenden Bänder begrenzen einen Hohlraum. Dieser Hohlraum wird **Bursa omentalis** genannt. Der Eingang in die Bursa omentalis liegt kaudal des Ligamentum hepatoduodenale und wird **Foramen epiploicum** oder **Foramen gastroomentale** genannt.

2.9.3 Entwicklung des Magens

Der Magen ist entwicklungsgeschichtlich eine Ausstülpung des **Vorderdarms**. Hierbei ist zu beachten, dass die ventrale Wand des Vorderdarms etwas langsamer wächst als die dorsale, was zu einem asymmetrischen Wachstum führt. Im Laufe der Entwicklung dreht sich außerdem der Magen um **90 Grad im Uhrzeigersinn**, was zur Folge hat, dass die **linke** Seite **ventral** liegt und die **rechte dorsal**. Dasselbe gilt auch für den rechten und den linken **Nervus vagus**: Der linke Vagus zieht ventral über den Magen, der rechte dorsal (s. Abb. 19, S. 59). Daher versorgt der rechte Nervus vagus auch das Pankreas, der linke jedoch nicht.

Nachdem sich der Magen um 90 Grad im Uhrzeigersinn gedreht hat, kippt sich der Mageneingang noch etwas nach **links** (der Ösophagus, der in den Magen führt, tritt daher auch eher links durch das Zwerchfell). Die Vorderwand des Magens kommt also durch die Drehung und Kippung rechts oben zum Liegen. Dies ist die Wand, die etwas langsamer wuchs, wodurch die kleine Kurvatur entsteht. Dementsprechend bildet sich aus der Rückwand die große Kurvatur. Das **ventrale Mesogastrium** zieht nun nach rechts oben zur Leber und bildet das **Omentum minus**. Das dorsale Mesogastrium kleidet die **Bursa omentalis** aus. Bei der Magendrehung kommt es jedoch auch zum teilweisen Abreißen des dorsalen Mesogastriums, was dazu führt, dass kleine Teile des Mesogastriums von der großen Kurvatur des Magens am Colon entlang wie eine Schürze über die Bauchorgane hängen. Sekundär erfolgt zudem eine Verwachsung mit dem Colon transversum (Lig. gastrocolicum). Die Fasern des dorsalen Mesogastriums, die schürzenförmig über die Bauchorgane hängen, bezeichnet man als **Omentum majus**.

2.9.4 Entwicklung des Mitteldarms/ physiologischer Nabelbruch

Die Bezeichnung **Mitteldarm** meint die Darmabschnitte vom unteren Duodenum bis in die Nähe der linken Colonflexur und damit sowohl **Dünn-** als auch **Dickdarmabschnitte**. Der Mitteldarm ist durch den Bauchnabel mit dem **Dottersack** verbunden. Diese Verbindung wird als **Ductus omphaloentericus** bezeichnet. Während der **6. Entwicklungswoche** kommt es zu einem massiven Wachstumsschub des Mitteldarms. Intraembryonal ist zu diesem Zeitpunkt jedoch für eine solch schnelle Entwicklung kein Platz. Daher wird – durch die Kontraktion des **Ductus omphaloentericus** – der **Mitteldarm** in den Dottersack gezogen (s. Abb. 17, S. 57). Auch die Dünn- und Dickdarmabschnitte wachsen unterschiedlich schnell. Dies verursacht eine **Darmdrehung**: Der Darm dreht sich um **270 Grad entgegen** dem **Uhrzeigersinn**, was dazu führt, dass die Anlage des **Caecums zeitweise unterhalb** der Leber liegt. Die **Drehung** des Darms erfolgt dabei um die **Achse** der **Arteria mesenterica superior, die ja den Mitteldarm auch versorgt**. Der **Scheitelpunkt** der Nabelschleife wird durch den **Ductus omphaloentericus** markiert.

Übrigens ...
Dass sich der Darm um 270 Grad gegen den Uhrzeigersinn in der Embryonalentwicklung gedreht hat, lässt sich an der Lage bzw. dem Verlauf des Colon beim Erwachsenen noch nachvollziehen: Im Bereich der rechten Colonflexur, der linken Colonflexur und am Übergang vom Colon descendens zum Sigmoid ändert der Darm seine Richtung um jeweils ca. 90 Grad ($3 \cdot 90$ Grad = 270 Grad).

Etwa ab der **10. bis 12. Entwicklungswoche** kommt es dann zu einer **Rückverlagerung** des Mitteldarms in den Bauchraum, und der Ductus omphaloentericus bildet sich – ebenso wie der Dottersack – zurück.

Bei **mangelhafter Rückbildung** können folgende Fehlbildungen entstehen:

- Das **Meckel-Divertikel** kennzeichnet den **Scheitelpunkt** der ehemaligen Nabelschleife. Es entsteht am Abgang des **Ductus omphaloentericus** (Vittelinus) am Scheitel der embryonalen Nabelschleife des Darms. Damit ist es eine Residualstruktur der entwicklungsgeschichtlichen Darm-Dottersack-Verbindung.

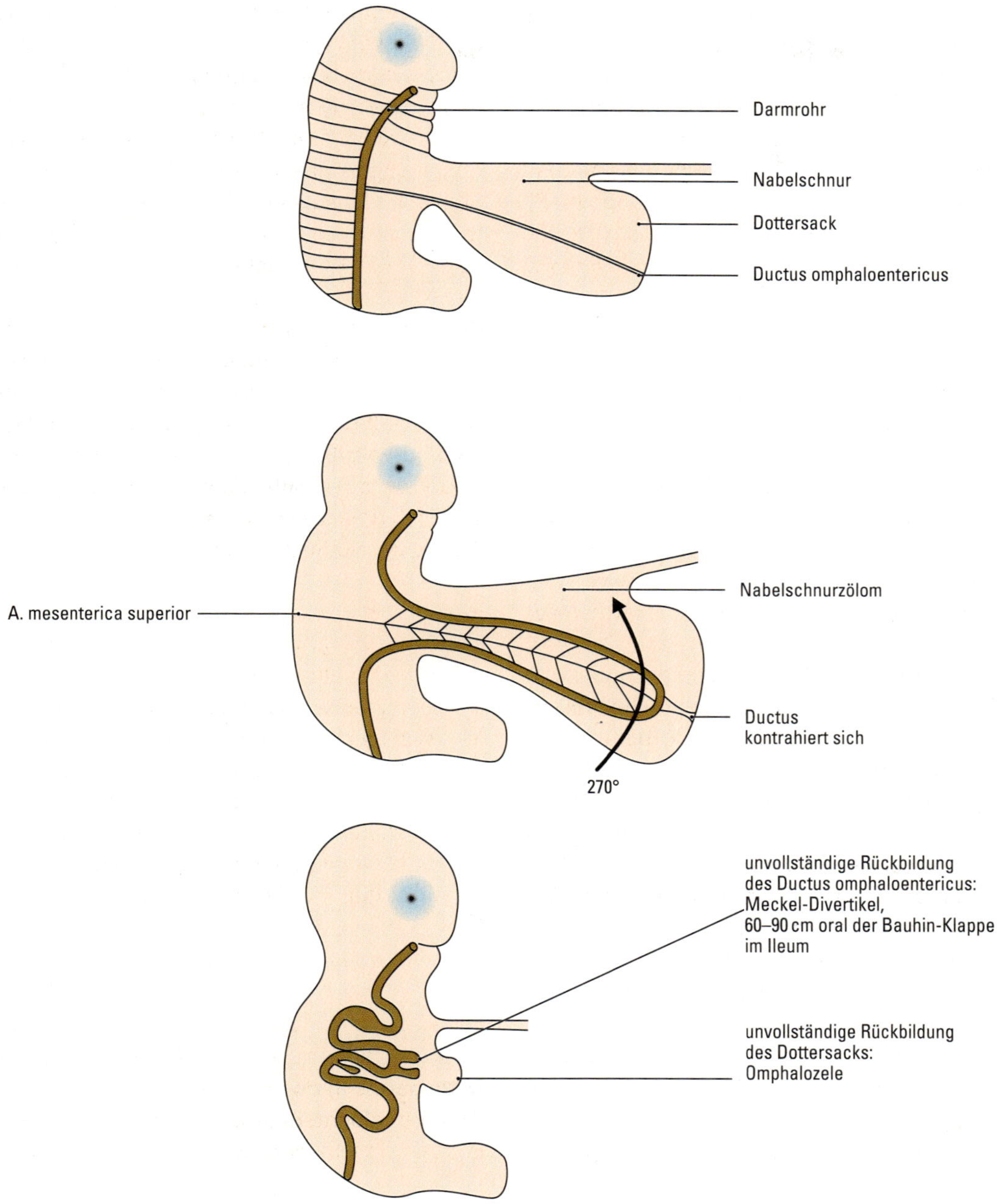

Abb. 20: Entwicklung des Mitteldarms mit physiologischem Nabelbruch und Darmdrehung

medi-learn.de/6-ana1-20

Da das Meckel-Divertikel durch eine Störung der Rückentwicklung entsteht, ist es **inkonstant**, was bedeutet, dass es nicht bei jedem Menschen vorkommt. Liegt jedoch ein Meckel-Divertikel vor, so ist es ca. **60** bis **90** cm **proximal** (oralwärts) der **Ileocoecalklappe** (Bauhin-Klappe) lokalisiert und liegt folglich im Bereich des **Ileums**.

Als **Omphalozele** bezeichnet man die Persistenz des physiologischen Nabelbruchs (s. IMPP-Bild 1, S. 68) und damit die Persistenz des Dottersacks. Der Dottersack ist entwicklungsgeschichtlich eine Aussackung der Nabelschnur und kann daher – ebenso wie die Nabelschnur – von Amnion bedeckt sein. Der Bruchsack kann sowohl Anteile des Dünndarms als auch des Mesenteriums enthalten. Da jedoch der Ursprung des Dottersacks/der Nabelschnur im Bereich der späteren Rektusscheide liegt, kommt in der Wand der Omphalozele NIE Muskulatur vor. Die Muskulatur zieht in diesem Bereich bogenförmig um den Bauchnabel herum.

2.10 Entwicklung der Genitalorgane

Aus dem **Vornierengang** entsteht während der Entwicklung der **Urniere** beim Mann der Urnieren- oder **Wolff-Gang**. Diese Zellen bilden die späteren inneren Genitalorgane des Mannes. Bei der Frau degenerieren diese Zellen, der Wolff-Gang bildet sich zurück und übrig bleibt lediglich ein stecknadelkopfgroßes Anhängsel an der Tube, die **Morgagni-Hydatide** (Appendix tubarius, s. 2.8.1, S. 55). Die Leydig-Zellen des menschlichen Hodens sind bereits bei der Geburt differenziert. Die inneren weiblichen Genitalorgane entwickeln sich aus dem Müller-Gang. Das entsprechende Rudiment beim Mann wird ebenfalls Morgagni-Hydatide (Appendix testis) genannt. Der Müller-Gang bildet sich jedoch NICHT aus der Urniere.

Der Uterus entsteht durch die **Verschmelzung** der beiden Müller-Schläuche. Bei einer Verschmelzungsstörung entsteht ein Uterus bicornis.

Übrigens ...

- Es sind immer ein Müller- und ein Wolff-Gang angelegt. Je nach Geschlecht entwickelt sich aber nur ein Gang weiter. Hierbei ist es für die Prüfung besonders wichtig zu wissen, dass die Sertoli-Zellen ABP und das Anti-Müller-Hormon (führt zur Rückbildung der Müller-Gänge) produzieren. (Die Leydig-Zellen bilden Testosteron.)
- Das Drüsenepithel der Prostata entwickelt sich aus dem Sinus urogenitalis, das Ligamentum teres uteri und das Ligamentum ovarii proprium aus dem unteren Keimdrüsenband und die Glans clitoris aus einem Genitalhöcker.

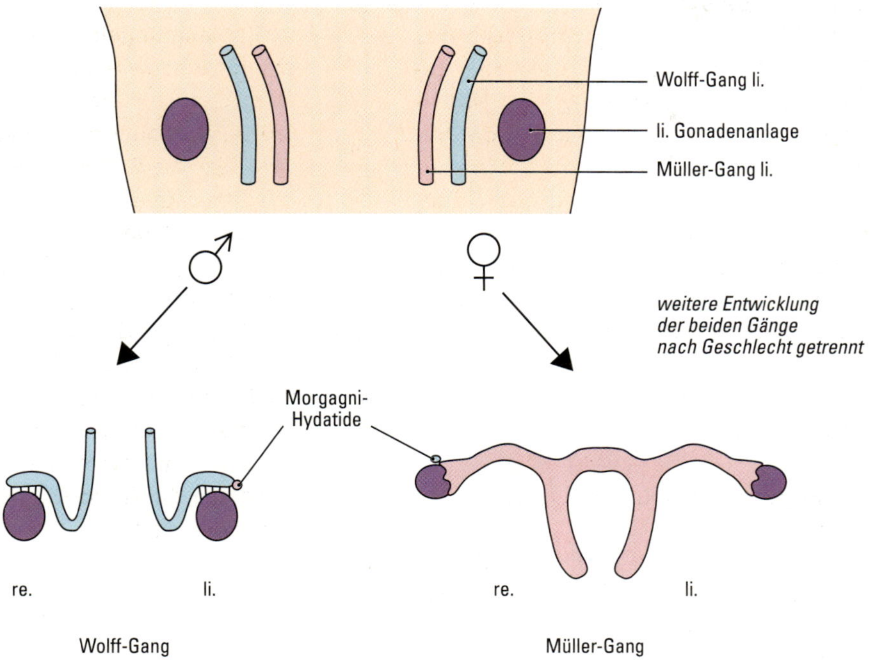

Abb. 21: Entwicklung der Genitalorgane *medi-learn.de/6-ana1-21*

DAS BRINGT PUNKTE

Fragen zur **Nierenentwicklung** sollten in der Prüfung eigentlich kein Problem darstellen, wenn man dieses Thema verstanden hat. Neben Abb. 16, S. 55 sollte man sich die folgenden Aussagen einprägen, da sie sehr gerne gefragt werden:

- Die Ureterknospe ist von metanephrogenem Blastem umgeben.
- Das Nierenbecken entsteht aus der Ureterknospe.
- Das Konvulut des distalen Tubulus des Nephrons entsteht aus dem metanephrogenen Blastem.
- Die proximalen Tubuli entstehen ebenfalls aus dem metanephrogenen Blastem.
- Die Sammelrohre entstehen aus der Ureterknospe und damit NICHT aus dem metanephrogenen Blastem.

Zum Thema **Entwicklung der Harnblase und des Urachus** wurde schon des Öfteren gefragt, dass

- der Urachus den Rest des Allantoisgangs darstellt und
- beim Neugeborenen der Austritt von Urin im Bereich des Nabels auf eine persistierende Urachusfistel hinweist.

Die Zusammenfassung der **Bandverhältnisse** im Oberbauch verspricht zahlreiche Examenspunkte:

- Aus dem Mesogastrium dorsale entstehen
  - das Ligamentum gastrosplenicum,
  - das Peritoneum der Hinterwand der Bursa omentalis,
  - Anteile des adulten Mesocolon transversums und
  - das Omentum majus.

- An die Bursa omentalis grenzen
  - das Pankreas,
  - der Magen,
  - die Leber,
  - die Milz,
  - das Omentum minus und
  - das Ligamentum gastrocolicum.

- Das Ligamentum gastrocolicum setzt an der Curvatura major des Magens an. Es ist mit der Taenia omentalis des Colon transversum verwachsen und entwicklungsgeschichtlich ein Derivat des Mesogastrium dorsale.
- Das Ligamentum gastrocolicum enthält die Arteria gastroomentalis dextra. Es ist an der Wandbildung der Bursa omentalis beteiligt und setzt sich nach links in das Ligamentum gastrosplenicum fort. Außerdem ermöglicht es den Zutritt von Arterien zur großen Kurvatur des Magens.
- Das Ligamentum falciforme hepatis geht aus dem ventralen Mesogastrium hervor und ist somit eine Bauchfellduplikatur. Es befestigt sich an der Facies diaphragmatica hepatis, führt in seinem unteren Rand das Ligamentum teres hepatis und geht am Zwerchfell in das Peritoneum parietale über.
- Das Ligamentum hepatogastricum entsteht aus dem Mesogastrium ventrale.

Zum Thema **Mitteldarm** wurden bislang folgende Fakten des Öfteren gefragt:

- Die Omphalozele (Persistenz des physiologischen Nabelbruchs) ist von Amnion bedeckt und enthält Anteile des Mesenteriums sowie Dünndarmabschnitte.
- Der Bruchsack ist eine Auftreibung der Nabelschnur.
- Die Wand des Bruchsacks enthält KEINE Bauchwandmuskulatur.

Die **Entwicklung der Genitalorgane** wurde schon ewig nicht mehr gefragt. Bei den (uralten) Fragen reichte es, zu wissen, dass sich aus dem Wolff-Gang innere männliche und aus dem Müller-Gang innere weibliche Genitalorgane bilden.

FÜRS MÜNDLICHE

Auch hier gilt es, einen guten Überblick über die Entwicklung der Bauchorgane zu haben und diesen auch in der Prüfung deutlich machen zu können. Tipp: Eine selbstgezeichnete Abbildung hilft dir, die eigenen Ausführungen zu verdeutlichen und die Prüfungszeit zu deinen Gunsten zu nutzen.

1. **Bitte erläutern Sie, was das metanephrogene Blastem ist.**
2. **Erklären Sie bitte, was der Wolff-Gang ist.**
3. **Erläutern Sie bitte, was die Ureterknospe ist.**
4. **Erklären Sie bitte, wozu der Dottersack dient.**
5. **Bitte erklären Sie, wie der Darm rotiert.**
6. **Erklären Sie bitte, was aus dem Mesogastrium ventrale wird.**
7. **Bitte erläutern Sie, was ein Meckel-Divertikel ist.**
8. **Erläutern Sie bitte, woran man am „fertigen Menschen" sieht, dass sich der Mitteldarm während der Embryonalentwicklung um 270° gedreht hat.**
9. **Bitte erläutern Sie, woran man die Übergänge zwischen den einzelnen Abschnitten des primitiven Darmkanals sieht.**
10. **Erklären Sie bitte, was als „physiologischer Nabelbruch" bezeichnet wird.**
11. **Nennen Sie den Unterschied zwischen dem Mesogastrium dorsale und dem Mesogastrium ventrale.**
12. **Erläutern Sie bitte, warum nur der rechte Vagus das Pankreas innerviert.**
13. **Erläutern Sie bitte, worin sich die Morgagni-Hydatide bei Mann und Frau unterscheidet.**

---

1. Bitte erläutern Sie, was das metanephrogene Blastem ist.
Das metanephrogene Blastem ist der Teil der Nachniere, aus dem das Nierenparenchym mit proximalem und distalem Tubulus, Henle-Schleife sowie Glomerulum entstehen.

2. Erklären Sie bitte, was der Wolff-Gang ist.
Der Wolff-Gang entwickelt sich aus dem Vornierengang. Aus ihm entstehen beim Mann die inneren Genitalorgane, bei der Frau bleibt als Rudiment nur der Appendix tubarius (Morgagni-Hydatide) bestehen.

3. Erläutern Sie bitte, was die Ureterknospe ist.
Der Teil der Nachniere, der kranial auf dem Ureterstiel sitzt, wird als Ureterknospe bezeichnet. Aus ihr entwickeln sich das Nierenbecken mit dem Kelchsystem sowie die Sammelrohre. Sie ist vom metanephrogenen Blastem (ebenfalls aus der Nachniere) umgeben.

4. Erklären Sie bitte, wozu der Dottersack dient.
Zum einen entstehen die Keimzellen aus dem Dottersack, zum anderen wird er während der Entwicklung zwischenzeitlich als Reservoir für den sich überproportional schnell entwickelnden Mitteldarm (spätere Dünn- und Dickdarmanteile) genutzt. Diesen Vorgang bezeichnet man als physiologischen Nabelbruch.

FÜRS MÜNDLICHE

5. Bitte erklären Sie, wie der Darm rotiert.
Der primitive Darmkanal macht im Bereich des Magens eine Drehung um 90 ° im Uhrzeigersinn (linker Vagus vorne, rechter hinten...), im Bereich des Mitteldarms vollzieht er eine Drehung um 270° gegen den Uhrzeigersinn, was man am Verlauf des Colonrahmens (Colon ascendens, 90° Flexur zum Colon transversum, 90° Flexur zum Colon descendens, 90° Flexur zum Sigmoid) auch beim Erwachsenen noch nachvollziehen kann.

6. Erklären Sie bitte, was aus dem Mesogastrium ventrale wird.
Das Ligamentum falciforme hepatis und das Ligamentum hepatogastricum. Im Mesogastrium ventrale liegt die Leber.

7. Bitte erläutern Sie, was ein Meckel-Divertikel ist.
Der Rest des Ductus omphaloentericus. Es liegt am Scheitelpunkt der ehemaligen Nabelschleife, etwa 60–90 cm proximal (oral) der Ileocaecalklappe im Ileum.

8. Erläutern Sie bitte, woran man am „fertigen Menschen" sieht, dass sich der Mitteldarm während der Embryonalentwicklung um 270° gedreht hat.
Am Dickdarm: Der Übergang zwischen Colon ascendens und transversum beträgt 90°, zwischen Colon transversum und -descendens 90° und zwischen Colon descendens und Sigma wiederum 90°. Das macht insgesamt $3 \cdot 90° = 270°$.

9. Bitte erläutern Sie, woran man die Übergänge zwischen den einzelnen Abschnitten des primitiven Darmkanals sieht.
Vorderdarm-Mitteldarm:
- Anastomose zwischen A. pancreaticoduodenalis sup. (aus der A. gastroduodenalis) und A. pancreaticoduodenalis inf. (aus der A. mesenterica sup.).

Mitteldarm-Enddarm:
- Riolan-Anastomose (zwischen Ästen der A. mesenterica sup. und –inf.).

10. Erklären Sie bitte, was als „physiologischer Nabelbruch" bezeichnet wird.
Die Verlagerung eines großen Teils des Mitteldarms in den Dottersack und somit die Entwicklung/das Wachstum des Mitteldarms außerhalb der Bauchhöhle (zwischen der 6. und 12. Woche).

11. Nennen Sie den Unterschied zwischen dem Mesogastrium dorsale und dem Mesogastrium ventrale.
Das dorsale Mesogastrium zieht von kranial bis nach kaudal den gesamten primitiven Darmkanal entlang, das ventrale endet schon auf Höhe des Bauchnabels.

12. Erläutern Sie bitte, warum nur der rechte Vagus das Pankreas innerviert.
Durch die Magendrehung um 90° im Uhrzeigersinn kommt der rechte Vagus dorsal, der linke ventral zum Liegen. Somit weist nur der rechte eine enge topographische Beziehung mit dem Pankreas auf.

13. Erläutern Sie bitte, worin sich die Morgagni-Hydatide bei Mann und Frau unterscheidet.
Beim Mann bezeichnet sie die Reste des Müller-Gangs und wird auch Appendix testis genannt, bei der Frau die Reste des Wolff-Gangs und wird auch Appendix tubarius genannt.

Herzlichen Glückwunsch! Ihr seid am Ende der Embryologie angekommen - einem Thema, das die wenigsten Mediziner mögen. Ich hoffe, ihr hattet dennoch ein wenig Freude beim Lernen und konntet euer Wissen erweitern.

Mehr Cartoons unter www.medi-learn.de/cartoons

Pause

Geschafft! Hier noch ein
kleiner Cartoon als Belohnung ...

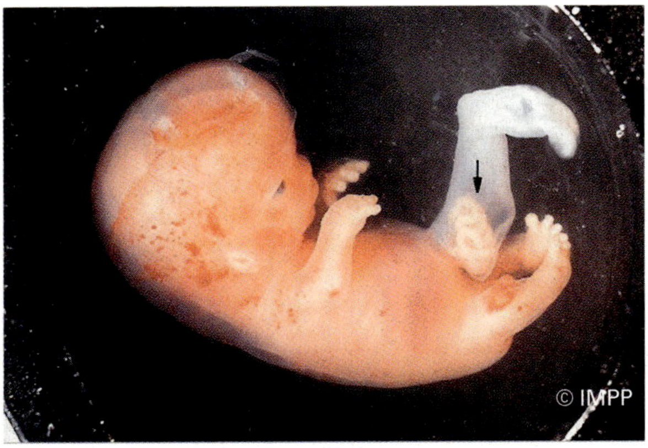

Zu sehen ist der physiologische Nabelbruch mit dem Nabelcoelom. Im Dottersack befindet sich der Mitteldarm. Reposition des Darms und Rückbildung des Dottersacks finden ab der 12. Woche statt.

IMPP-Bild 1: Embryo in der 8. Woche
medi-learn.de/6-ana1-impp1

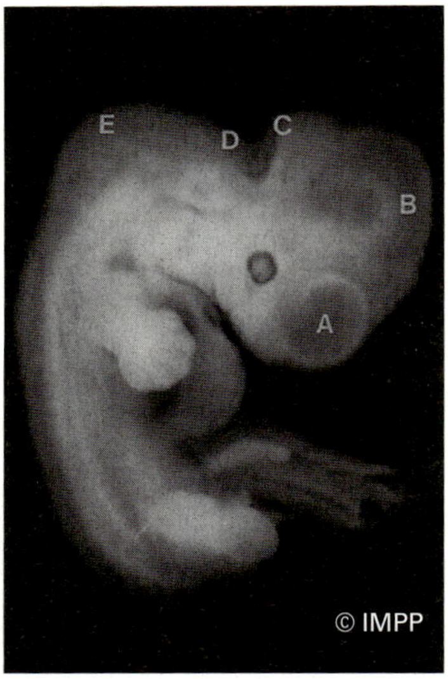

Zu sehen sind die 5 sekundären Hirnbläschen, die Einkerbung zwischen C und D heißt Brückenbeuge. A markiert das Telencephalon, B das Mesencephalon (das Diencephalon liegt in dieser Phase ventrokaudal des Telencephalons), C die Kleinhirnanlage (Metencephalon), D die Medulla oblongata (Teil des Myelencephalons) und E das Rückenmark.

IMPP-Bild 2: Embryo in der 6. Woche
medi-learn.de/6-ana1-impp2

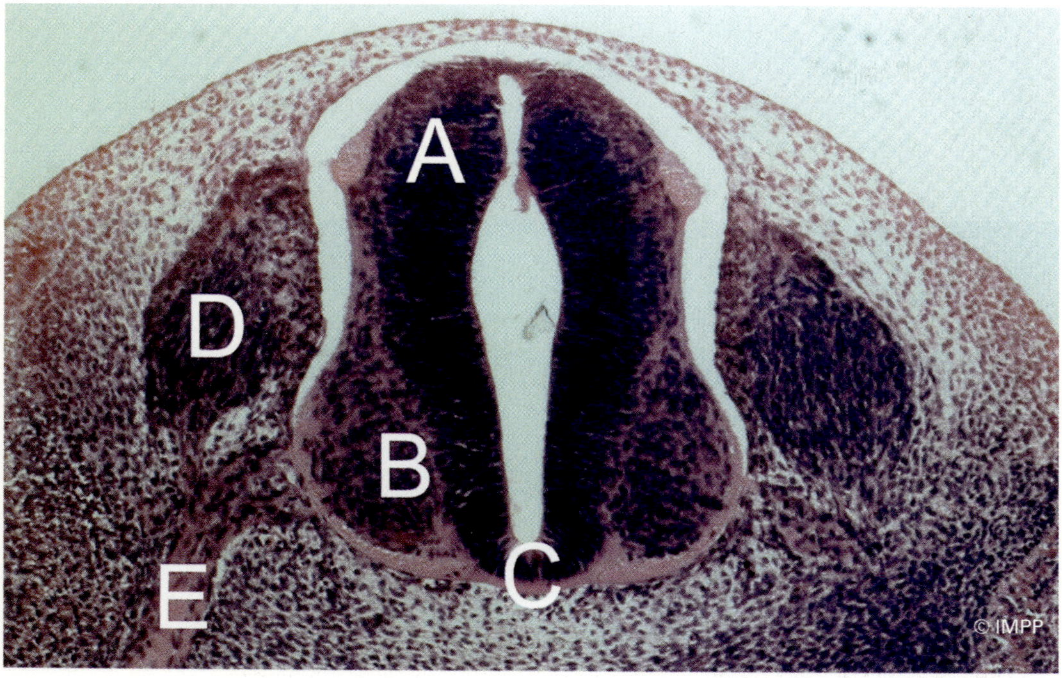

IMPP-Bild 3: Transversalschnitt durch embr. RM mit 7 mm SSL
medi-learn.de/6-ana1-impp3

A: Flügelplatte
B: Grundplatte
C: Bodenplatte
D: Spinalganglion
E: Spinalnerv

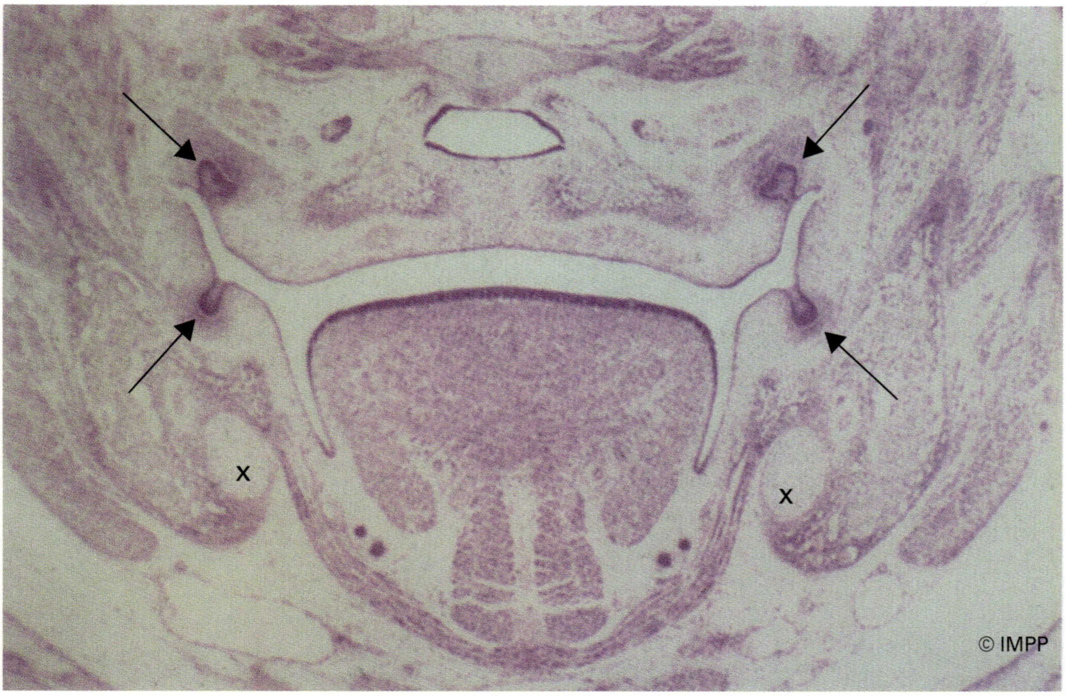

IMPP-Bild 4: Frontalschnitt durch den Kopf in der Fetalzeit
medi-learn.de/6-ana1-impp4

Es sind 4 Zahnanlagen zu erkennen (s. Pfeile), x markiert den Meckel-Knorpel.

Index

Feedback

Deine Meinung ist gefragt!

Es ist erstaunlich, was das menschliche Gehirn an Informationen erfassen kann. Slbest wnen kilene Fleher in eenim Txet entlheatn snid, so knnsat du die eigneltchie lofnrmotian deoncnh vershteen – so wie in dsieem Text heir.

Wir heabn die Srkitpe mecrfhah sehr sogrtfältg güpreft, aber vilcheliet hat auch uesnr Girehn – so wie deenis grdaee – unbeswust Fheler übresehne. Um in der Zuuknft noch bsseer zu wrdeen, bttein wir dich dhear um deine Mtiilhfe.

Sag uns, was dir aufgefallen ist, ob wir Stolpersteine übersehen haben oder ggf. Formulierungen verbessern sollten. Darüber hinaus freuen wir uns natürlich auch über positive Rückmeldungen aus der Leserschaft.

Deine Mithilfe ist für uns sehr wertvoll und wir möchten dein Engagement belohnen: Unter allen Rückmeldungen verlosen wir einmal im Semester Fachbücher im Wert von 250 Euro. Die Gewinner werden auf der Webseite von MEDI-LEARN unter www.medi-learn.de bekannt gegeben.

Schick deine Rückmeldung einfach per E-Mail an support@medi-learn.de oder trag sie im Internet in ein spezielles Formular für Rückmeldungen ein, das du unter der folgenden Adresse findest:

www.medi-learn.de/rueckmeldungen